水生昆虫❷
タガメ・
ミズムシ・
アメンボ
ハンドブック

三田村敏正・平澤桂・吉井重幸 著
北野忠 監修

文一総合出版

カメムシ目の水生昆虫とは

◆本書の特徴

　本書では、生きた状態の成虫と幼虫を水中で（水面にいる種は水面で）、撮影をしています。生きた状態であることで、野外で観察した時と同じ色や形で見ることができます。さらに、背面だけでなく、腹面や側面、正面の写真も掲載することで、立体的にその種を知ることができます。また、生きた状態の写真は、背景がないことでその虫の特徴がよりわかりやすくなることと、田んぼの生き物調査では底が白い容器に採集した水生昆虫を入れて観察することが多いため、このような調査に使いやすく作りました。

　なお、生きている状態であるため、左右の脚は標本のようにきれいに揃ってはいません。場合によっては、6本すべてが見えない場合もあります。

◆本書で扱う水生昆虫

　本書では一生を水中や水上で過ごす水生カメムシ類約120種のうち、13科89種2亜種を掲載しています。海浜性や高山性、水辺にはいるものの、ほとんど水面に出ることがないミズギワカメムシ科やメミズムシ科、アシブトメミズムシ科などは扱いませんでした。ケシミズカメムシ科もほとんど水面には出ない仲間ですが、カタビロアメンボ科とよく似ていることから、区別する意味も含めて扱うことにしました。

　カメムシ目とは、その名前のとおり、臭いを出すカメムシの仲間やセミの仲間などを指します。この仲間の特徴は、餌を食べるための口が針状になっていることです。ここで扱う水生昆虫たちの口も、針のようになっています。また、不完全変態といって蛹の時期がなく、幼虫から成虫になります。そのため、幼虫と成虫の形がよく似ています。

クサギカメムシの口　　ヒグラシの口

マツモムシの口　　アメンボの口

◆生活史

　ここで扱う水生のカメムシ目の多くは成虫で越冬します。越冬場所は、陸上の土中や落ち葉の間などが主な場所ですが、ミズカマキリのように真冬でも水中にいる種もあります。越冬後に産卵し、幼

虫が現れます。また、南西諸島のように暖かい地域では、冬でも活動している種類もいます。しかし、タガメなどの有名な種以外のほとんどは、卵や幼虫の期間が何日くらか、またはいつ頃いるのか、などわかっていないことが多いのです。

◆ 何を食べているのか

肉食

　水生のカメムシ目の仲間はほとんどが肉食です。他の昆虫やオタマジャクシ、カエルや小魚などを捕まえて、針のような口を体に刺して消化液で溶かして吸うのです。

オタマジャクシを捕食しているタガメ1齢幼虫

草食

　植物を餌とする種はミズムシ科の仲間です（ミゾナシミズムシは例外的に肉食）。ただ、植物体に直接口を刺すのではなく、藻類などの植物プランクトンを餌にしていると言われています。

◆ 呼吸の仕方

地上で気門から呼吸

　アメンボ科やミズカメムシ科、イトアメンボ科、カタビロアメンボ科の仲間は、水面や水辺を生活の場としており、水中に入ることはほとんどないため、呼吸は普通の陸生昆虫類と同様に空気中の酸素を体の側面にある気門で取り込んでいます。

呼吸管から呼吸

　タイコウチ科、コオイムシ科の仲間は、腹部末端に呼吸管と呼ばれる管があり、この先端を水面に出して呼吸します。

――呼吸管

エサキタイコウチ

腹部や翅の下に空気をためる

ミズムシ科の仲間は、空気を翅の下にためて呼吸しますが、腹部にも空気の層ができていて水中で見ると白く光っています。

腹部が空気の層で白く光っている

エサキコミズムシ

水中で呼吸

　ナベブタムシ科の仲間は、地上

の空気を使って呼吸することなく、水中で呼吸することができます。体の表面にとても細かな毛が密生していて、この微毛の間に空気の層ができます。空気の中の酸素が減ると水に溶けている酸素が水中から空気の層に入ります。このような呼吸をプラストロン呼吸といいます。

また、コバンムシやコマツモムシ類もほとんど水面に浮いてこないので、水中で酸素を取り入れていると考えられています。

◆どんなところにいるのか

タイコウチやタガメの仲間

タイコウチ科やタガメも含まれるコオイムシ科は、ため池や沼、水田、水田水路、湿地など様々な止水環境に生息します。いずれも岸際で水生植物が繁茂している場所です。タガメやコオイムシ、ミズカマキリは川でも流れの緩やかな場所にいることもあります。一方、ヒメタイコウチはほとんど水に潜らず、ごく浅い湿地などにいます。側溝の落ち葉の下や側溝側面のコケのすき間にいることもあります。

タイコウチやミズカマキリが生息する水田の水路

ミズムシの仲間

チビミズムシ類やコミズムシ類は浅くて底が砂や泥などで草があまり生えてない場所を好みます。ため池でも岸辺が浅く底の泥が見えるような場所です。大型のミズムシ類はやや深い場所を好む傾向があり、ため池や沼にいます。この仲間は群生していることがよくあります。また、チビミズムシ類の中には河川に生息する種もいます。これらの種は、流れの緩やかな場所の砂底や底が岩盤になっているところにいます。

チビミズムシ類やコミズムシ類が多い浅い水たまり

コバンムシ

コバンムシはとても珍しい種ですが、ヒシやジュンサイが生えている沼や深めの湿地に生息します。沼の底ではなく、ヒシなどの茎から浮葉の部分にいます。

ナベブタムシの仲間

この仲間は流水性で河川や水路に生息します。石の下や砂の中に潜っています。

マツモムシの仲間

マツモムシは様々な環境にいま

す。水面に背中を上にして浮いていることが多いので、目視でも確認することができます。一方、コマツモムシ類は水面にほとんど浮いてきません。水面と底の中間を泳いでいますが、比較的浅い水辺では、複数種が群れて泳いでいるのを見ることができます。

コマツモムシ類が多い水たまり（水深は 30–50 cm ほどある）

マルミズムシの仲間

沼やため池、湿地、水田などに生息します。水草がある場所に多い傾向があります。比較的浅い水辺や深い沼でも浅い場所にいることが多いです。体長が 2–3mm ととても小さいので、注意深く観察することが必要です。

ミズカメムシの仲間

水面を素早く移動します。ジュンサイやヒルムシロ、ヒシなど浮葉植物がある場所に多く、葉の上に乗っているところをよく見かけます。

イトアメンボの仲間、カタビロアメンボの仲間

これらの仲間は水面を歩いています。イトアメンボ類は水田だと畦を歩くと畦から水面に逃げる個体をよく見かけます。湿地などでは草の中、ヨシ原ではヨシ原の中を探すと見つかります。驚くと細い棒のように動かなくなって死んだふりをすることがあります。カタビロアメンボ科も水面にいますが、水田や湿地、沼など様々な環境にいます。ナガレカタビロアメンボやオオギカタビロアメンボのように河川に生息する種もいますが、川岸の流れがあまりないところにたくさんいます。体長は 2–3mm 程度ととても小さいので、注意深く観察しましょう。

アメンボの仲間

水面をスイスイと移動します。開放的な水面のある沼やため池などに多いですが、エサキアメンボやババアメンボはヨシ原と開放水面の境にいます。コセアカアメンボやヤスマツアメンボのように薄暗い場所にいる種やシマアメンボのように流れのある場所にいる種もいます。アメンボやアマミアメンボは多数の個体が群れていることがしばしばあります。今回は取り上げませんでしたが、ウミアメ

ミズカメムシ類が多い、浮葉植物の多い沼

ンボの仲間は海辺に生息しています。また、トゲアシアメンボのように、すぐに飛ぶ種もいます。

ごく浅い水辺で群れるカスリケシカタビロアメンボ

水田で死んでいたアメンボ

※水生昆虫が棲む場所は、水辺で深い場所や流れの速い場所があったりします。調査をする際には注意しましょう。また、採集禁止の場所や個人の敷地内で調査をする際には、必ず許可を取るようにしましょう。

◆ **水生昆虫が安心して棲める環境へ**

沼やため池、湿地、水田や水路など、水生昆虫が棲める環境が減少しています。開発による沼や湿地の埋め立て、水田の基盤整備、水路のU字溝化などは水生昆虫に大きな影響を与えています。農薬の中には水生昆虫に強い殺虫効果のあるものもあります。ブラックバスやウシガエルなどの外来生物による捕食も大きな影響を与えています。ウシガエルの胃の中からコオイムシやヤンマの幼虫が出てくることもあります。

一方で、近年、環境保全型農業の取り組みが推進され、減農薬や水生昆虫に影響の少ない農薬を使う事例も増えています。各地で開催されている「田んぼの学校」では、水生昆虫を観察して楽しむ子供たちや農家の方々の姿を見ることができるようになりました。里山に棲む水生昆虫は、水田やその周辺の環境に強く依存して生活をしています。農家の方々が水田を耕作しなければ、いなくなってしまうのです。本書を読んで、水生昆虫を実際に見たくなったら、まずは身近な水辺に行ってみましょう。水生昆虫が安心して棲める環境について考えるヒントが見つかるかもしれません。

ウシガエルの胃の中からでてきたコオイムシ

カメムシ類の部分名称

ミズムシ成虫♂背面

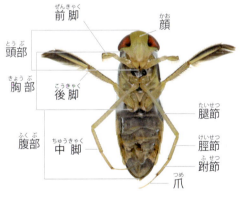

ミズムシ成虫♂腹面

ミズムシ幼虫背面

掲載種一覧（成虫）

———— × 1.0 ————

● タイコウチ科

タイコウチ
(p.23)

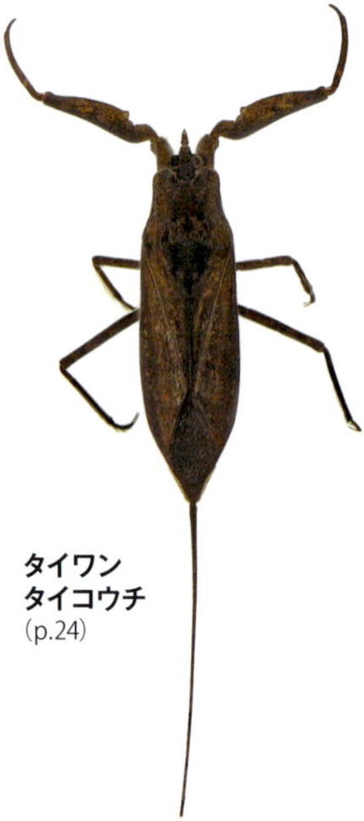

**タイワン
タイコウチ**
(p.24)

エサキタイコウチ
(p.26)

ヒメタイコウチ
(p.27)

ヒメミズカマキリ
(p.29)

掲載種一覧（成虫）

ミズカマキリ
(p.28)

マダラアシ
ミズカマキリ
(p.30)

●コオイムシ科

コオイムシ
(p.31)

オオコオイムシ
(p.32)

タガメ
(p.34)

● ミズムシ科

× 5.0

ハイイロチビミズムシ
(p.36)

チビミズムシ
(p.37)

クロチビミズムシ
(p.38)

ケチビミズムシ
(p.39)

コチビミズムシ
(p.40)

フタイロコチビミズムシ
(p.41)

アマミコチビミズムシ
(p.42)

コチビミズムシの仲間
(p.43)

ヘラコチビミズムシ
(p.44)

モンコチビミズムシ
(p.45)

× 2.0

ミゾナシミズムシ
(p.46)

ツヤミズムシ
(p.48)

ミズムシ
(p.49)

ホッケミズムシ
(p.50)

オオミズムシ
(p.51)

ナガミズムシ
(p.52)

ヒメコミズムシ
(p.53)

エサキコミズムシ
(p.54)

掲載種一覧（成虫）

オモナガコミズムシ
(p.55)

トカラコミズムシ
(p.56)

アサヒナコミズムシ
(p.57)

ハラグロコミズムシ
(p.58)

コミズムシ
(p.59)

ミヤケミズムシ
(p.60)

— × 1.0 —

●コバンムシ科　　●ナベブタムシ科

コバンムシ
(p.64)

ナベブタムシ
(p.66)

トゲナベブタムシ
(p.67)

●マツモムシ科

マツモムシ
(p.68)

オキナワマツモムシ
(p.69)

キイロマツモムシ
(p.70)

タイワンマツモムシ
(p.71)

コマツモムシ
(p.72)

クロイワコマツモムシ
(p.73)

イシガキコマツモムシ
(p.74)

チビコマツモムシ
(p.75)

ハナダカコマツモムシ
(p.75)

ヒメコマツモムシ
(p.76)

掲載種一覧（成虫）

●マルミズムシ科 ────── ×3.0 ──────

マルミズムシ
(p.77)

ヒメマルミズムシ
(p.78)

ホシマルミズムシ
(p.79)

●タマミズムシ科　●ミズカメムシ科

エグリタマミズムシ
(p.80)

キタミズカメムシ
(p.81)

マダラミズカメムシ
(p.82)

ムモンミズカメムシ
(p.83)

ヘリグロミズカメムシ
(p.84)

ミズカメムシ
(p.85)

────── ×2.0 ──────

●イトアメンボ科

イトアメンボ
(p.87)

コブイトアメンボ
(p.88)

キタイトアメンボ
(p.89)

オキナワイトアメンボ
(p.90)

ヒメイトアメンボ
(p.91)

● ケシミズカメムシ科　　×5.0　　● カタビロアメンボ科

ケシミズカメムシ
(p.93)

**ケブカコバネ
ケシミズカメムシ**
(p.94)

**アシブト
カタビロアメンボ**
(p.95)

**ケシ
カタビロアメンボ**
(p.96)

**ホルバートケシ
カタビロアメンボ**
(p.97)

**チャイロケシ
カタビロアメンボ**
(p.98)

**カスリケシ
カタビロアメンボ**
(p.99)

**マダラケシ
カタビロアメンボ**
(p.100)

**エサキナガレ
カタビロアメンボ**
(p.101)

**ナガレ
カタビロアメンボ**
(p.102)

**アマミオヨギ
カタビロアメンボ**
(p.103)

**オヨギ
カタビロアメンボ**
(p.104)

×1.0

● アメンボ科

シマアメンボ
(p.105)

タイワンシマアメンボ
(p.106)

トガリアメンボ
(p.108)

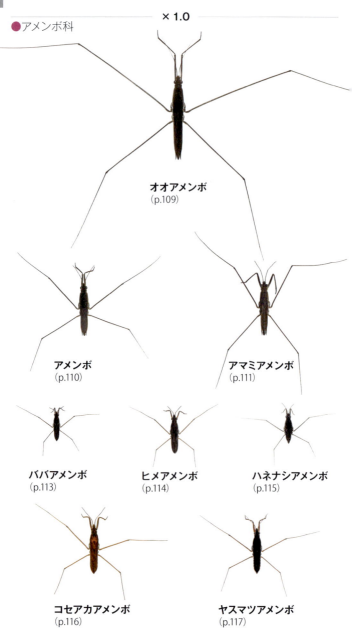

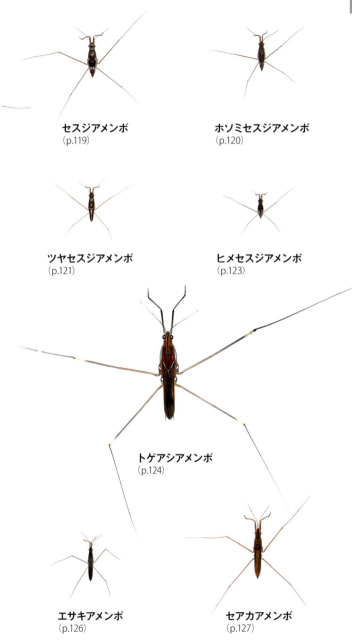

セスジアメンボ (p.119)

ホソミセスジアメンボ (p.120)

ツヤセスジアメンボ (p.121)

ヒメセスジアメンボ (p.123)

トゲアシアメンボ (p.124)

エサキアメンボ (p.126)

セアカアメンボ (p.127)

掲載種一覧（幼虫）

× 1.0

● タイコウチ科

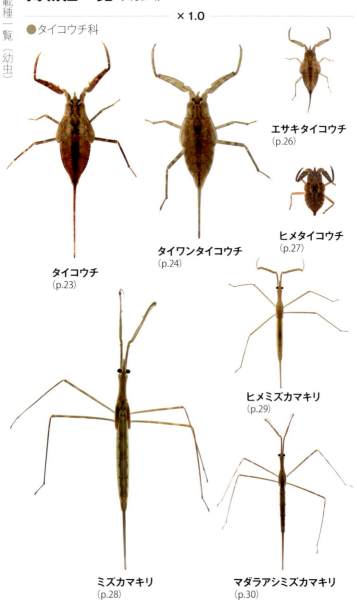

エサキタイコウチ
(p.26)

ヒメタイコウチ
(p.27)

タイワンタイコウチ
(p.24)

タイコウチ
(p.23)

ヒメミズカマキリ
(p.29)

ミズカマキリ
(p.28)

マダラアシミズカマキリ
(p.30)

掲載種一覧（幼虫）

● コオイムシ科

コオイムシ
(p.31)

オオコオイムシ
(p.32)

タガメ
(p.34)

―― × 10.0 ――

● ミズムシ科

ハイイロチビミズムシ
(p.36)

チビミズムシ
(p.37)

クロチビミズムシ
(p.38)

コチビミズムシ
(p.40)

フタイロコチビミズムシ
(p.41)

アマミコチビミズムシ
(p.42)

コチビミズムシの仲間
(p.43)

ヘラコチビミズムシ
(p.44)

モンコチビミズムシ
(p.45)

掲載種一覧（幼虫）

×2.0

ミゾナシミズムシ
(p.46)

ツヤミズムシ
(p.48)

ミズムシ
(p.49)

ホッケミズムシ
(p.50)

オオミズムシ
(p.51)

ヒメコミズムシ
(p.53)

エサキコミズムシ
(p.54)

トカラコミズムシ
(p.56)

アサヒナコミズムシ
(p.57)

ハラグロコミズムシ
(p.58)

コミズムシ
(p.59)

ミヤケミズムシ
(p.60)

●コバンムシ科　　●ナベブタムシ科

コバンムシ
(p.64)

ナベブタムシ
(p.66)

トゲナベブタムシ
(p.67)

●マツモムシ科

マツモムシ
(p.68)

オキナワマツモムシ
(p.69)

キイロマツモムシ
(p.70)

掲載種一覧（幼虫）

タイワンマツモムシ
(p.71)

コマツモムシ
(p.72)

**クロイワ
コマツモムシ**
(p.73)

**イシガキ
コマツモムシ**
(p.74)

× 10.0

● マルミズムシ科

マルミズムシ
(p.77)

ヒメマルミズムシ
(p.78)

ホシマルミズムシ
(p.79)

● タマミズムシ科　　● ミズカメムシ科

エグリタマミズムシ
(p.80)

キタミズカメムシ
(p.81)

マダラミズカメムシ
(p.82)

ムモンミズカメムシ
(p.83)

ヘリグロミズカメムシ
(p.84)

ミズカメムシ
(p.85)

掲載種一覧（幼虫）

×2.0
● イトアメンボ科

イトアメンボ (p.87)　**コブイトアメンボ** (p.88)　**キタイトアメンボ** (p.89)　**オキナワイトアメンボ** (p.90)　**ヒメイトアメンボ** (p.91)

×10.0
● ケシミズカメムシ科　　● カタビロアメンボ科

ケシミズカメムシ (p.93)

アシブトカタビロアメンボ (p.95)

ケシカタビロアメンボ (p.96)

ホルバートケシカタビロアメンボ (p.97)

カスリケシカタビロアメンボ (p.99)

チャイロケシカタビロアメンボ (p.98)

マダラケシカタビロアメンボ (p.100)

エサキナガレカタビロアメンボ (p.101)

アマミオヨギカタビロアメンボ (p.103)

ナガレカタビロアメンボ (p.102)

オヨギカタビロアメンボ (p.104)

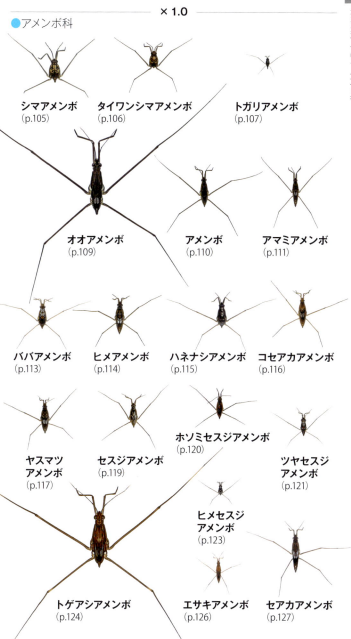

凡例

本書は日本に生息する水生昆虫の中、カメムシ目13科89種2亜種について紹介した。種の配列は基本的には分類順としたが、使用の便を配慮して適宜入れ替えた。

科名／和名／属名／学名
柱に科の和名、太字は種の和名、その後に続く[ ]内が属の和名、種の和名の下に学名を表示した。属名は和名がないものはラテン語の属名を表示した。

解説
分：種の分布。北海道、本州、四国、九州はそれぞれの頭文字で示した。南西諸島については、トカラ、奄美、沖縄、大東、宮古、八重山に分け、この中で、八重山は諸島の中で特定の島にのみ生息する場合は、たとえば、八重山（西表島）と島名を示した。
大：成虫と幼虫の体長（呼吸管は含まない）。成虫は『日本産水生昆虫』（東海大学出版, 2005）から引用した。幼虫は基本的に終齢（5齢）を示してあり、大きさは筆者らが実測したものと、一部は文献からの引用によった。幼虫の大きさは終齢でも幅があるため、「約」を付けて示した。
特：成虫や幼虫の形態的特徴や習性について示した。
場：生息場所・環境を示した。

写真
生体標本写真はページ内で倍率を統一した。小型種は拡大してあることから、実際の大きさをシルエットで示し、成虫♂背面（場合によっては雌雄の表示なし）にのみ産地を示した。成虫は生きた状態で背面、腹面、側面、正面を示し、幼虫も可能な限り示した。また、生態写真や生息環境も示し、野外観察に役立つようにした。生態写真には撮影場所を示し、飼育の場合は「飼育」と記した。

1 2 3 4 5 6 7 8 9 10 11 12：成虫および幼虫が見られる時期を、筆者らが実際に確認した時期と協力者からの聞き取りおよび主な文献に記載されている採集時期を示した。記録はないものの、明らかにいると考えられる時期については△とした。

発見難易度
野外で観察する際の目安とするため、発見の難易度を示した。ただし筆者らの主観も含まれる。

★★★★★：極めて稀な種。生息地が限られ、かつ個体数が非常に少なく、発見が困難な種。国のレッドリスト絶滅危惧ⅠA、ⅠBも含む。

★★★★：稀な種。生息地が比較的限られる。生息地では個体数はあまり多くないものの、場合によっては多数が見られる場合もある。

★★★：比較的珍しい種だが、生息地では比較的容易に見つけることができる。特定の離島や限られた場所にのみ見られるものの、その場所では普通に見られる場合も含む。

★★：生息地も多く、容易に見つけることができる種。

★：分布は広く、生息地では極めて普通に見られる種。

月	1	2	3	4	5	6	7	8	9	10	11	12
成虫	△	△	●	●	●	●	●	●	●	●	●	●
幼虫						●	●	●				

発見難易度 ★★

タイコウチ [タイコウチ属]

Laccotrephes japonensis

分 本、四、九、奄美、沖縄。大 成虫 30–38 mm、幼虫 25 mm。特 前脚が大きな鎌状となっていて、これで餌となるオタマジャクシや他の水生昆虫などを捕獲する。前脚の付け根付近に棘状の突起がある。場 池沼、水田、休耕田、湿地、水路。水底で泥をかぶってじっとしていることが多い。

棘状の突起がある

成虫背面（福島県）　　腹面　　幼虫

側面　　正面

休耕田の水底で静止する成虫（福島県）　生育環境（福島県）

月	1	2	3	4	5	6	7	8	9	10	11	12
成虫		●	●	△			●	●	●	●	△	
幼虫								●	●	●		

発見難易度 ★★★★

タイワンタイコウチ［タイコウチ属］

Laccotrephes grossus

分 八重山。大 成虫 34–37 mm、幼虫約 25 mm。特 タイコウチと同じくらいの大きさで似ているが、前脚の付け根付近の突起が棘状ではなく、こぶ状であることで区別できる。近年、個体数が減少している。場 池沼、水田、休耕田、湿地。

こぶ状の突起がある

成虫背面
（沖縄県西表島）

腹面

幼虫

側面

正面

羽化後間もない成虫
（与那国島　撮影：北野 忠）

生息環境（与那国島）

タイコウチとタイワンタイコウチの見分け方

前脚腿節基部に棘状の突起がある

タイコウチ

前脚腿節基部にこぶ状の突起がある

タイワンタイコウチ

コラム　水生カメムシ類の卵❶

　本書では、成虫とともに幼虫の写真も掲載していますが、卵は、コオイムシやタガメなどごく一部の種以外は掲載していません。そこで、主な種の卵を紹介します。

◆**タイコウチ科**

　タイコウチ科の卵は楕円形もしくは長楕円形で、先端には細長い糸のような突起が生えています。産卵は湿ったミズゴケなどに行われ、タイコウチ類ではこの突起は水面より上に出ていて、ここから空気を取り入れていると言われています。ヒメミズカマキリやマダラアシミズカマキリでは通常、水面より上に出ません。

タイコウチの卵

ヒメタイコウチの卵

月	1	2	3	4	5	6	7	8	9	10	11	12
成虫		●	●	●	△		●	●			●	●
幼虫						●	●	●	●	△	△	

発見難易度 ★★★

エサキタイコウチ [タイコウチ属]
Laccotrephes maculatus

分 八重山（与那国島）。**大** 成虫 16–18 mm、幼虫約 13 mm。**特** 日本最小のタイコウチ。国内では与那国島のみに生息する。**場** 池沼、湿地、水路。薄暗く落ち葉の多い浅い湿地や水路を好む。

呼吸管は短い

成虫背面（沖縄県与那国島）

腹面

幼虫

側面

正面

交尾中の成虫（与那国島　撮影：北野 忠）

生息環境（与那国島）

月	1	2	3	4	5	6	7	8	9	10	11	12
成虫	△	△	●	●	●	●	●	●	●	●	△	△
幼虫					●	●	●	●	●	●		

発見難易度 ★★★★

ヒメタイコウチ [ヒメタイコウチ属]

Nepa hoffmanni

分本（静岡県、愛知県、岐阜県、三重県、兵庫県、奈良県、和歌山県）、四（香川県）。**大**成虫 18–22 mm、幼虫約 13 mm。**特**呼吸管が非常に短い。水中というよりは水深の極めて浅い場所の落ち葉下などに棲む。水深の深い所だとおぼれることもある。主に陸生の生き物を餌とする。**場**水田、湿地、水路の落ち葉の中。

呼吸管は非常に短い

成虫背面（静岡県）

腹面

幼虫

側面

正面

湿った地面にいる成虫（愛知県）

生息環境（愛知県）

ミズカマキリ [ミズカマキリ属]
Ranatra chinensis

分 北、本、四、九、沖縄。大 成虫 40–45 mm、幼虫約 40 mm。特 体は細長く、カマキリのように見える。呼吸管は非常に長い。場 池沼、水田、休耕田、湿地、水路。タイコウチよりもやや水深の深い場所を好み、学校のプールで見つかることもある。

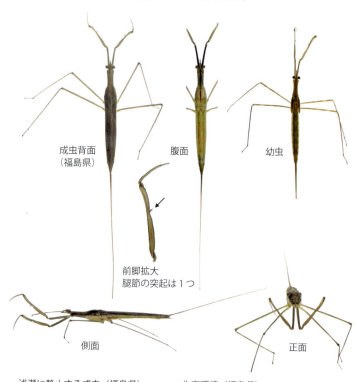

成虫背面（福島県）　腹面　幼虫

前脚拡大
腿節の突起は1つ

側面　正面

浅瀬に静止する成虫（福島県）

生育環境（福島県）

月	1	2	3	4	5	6	7	8	9	10	11	12
成虫	△	△	●	●	●	●	●	●	●	●	●	●
幼虫					●	●	●	●				

発見難易度 ★★

タイコウチ科

ヒメミズカマキリ [ミズカマキリ属]
Ranatra unicolor

分北、本、四、九、奄美、沖縄、大東。**大**成虫 24–32 mm、幼虫 20 mm。**特**ミズカマキリよりも小さい。より抽水植物の多い水域に生息する傾向がある。**場**池沼、水田、休耕田、湿地。

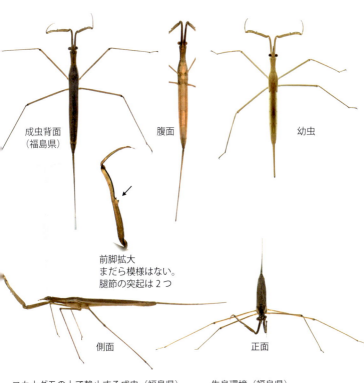

成虫背面（福島県）　　腹面　　　　　　幼虫

前脚拡大
まだら模様はない。
腿節の突起は2つ

側面　　　　　　　　正面

コカナダモの上で静止する成虫（福島県）　　生息環境（福島県）

マダラアシミズカマキリ [ミズカマキリ属]

Ranatra longipes

分 八重山。**大** 成虫 24–29 mm、幼虫約 22 mm。**特** ヒメミズカマキリと同じくらいの大きさ。脚にまだら模様があることで区別できる。**場** 池沼。

成虫背面（沖縄県与那国島）　　腹面　　幼虫

前脚拡大
まだら模様がある。
腿節の突起は 2 つ

側面　　正面

水中で獲物を待ち伏せする成虫（西表島）

生息環境（与那国島）

月	1	2	3	4	5	6	7	8	9	10	11	12
成虫	●	●	●	●	●	●	●	●	●	●	●	●
幼虫				●	●	●	●	●				

発見難易度 ★★★

コオイムシ [コオイムシ属]

Appasus japonicus

分 北、本、四、九。 大 成虫 17–20 mm、幼虫約 15 mm。 特 体色は茶色。雌は雄の背中に卵を産み、卵を産み付けられた雄は孵化するまで卵を守る。 場 池沼、水田、休耕田、湿地、河川の淀み。

成虫背面（福島県）　腹面　卵を背負った♂成虫

側面　側面（卵を背負った♂）

幼虫　正面

水田で卵を背負っている♂成虫（福島県）

生育環境（福島県）

月	1	2	3	4	5	6	7	8	9	10	11	12
成虫	●	●	●	●	●	●	●	●	●	●	●	●
幼虫					●	●	●	●				

発見難易度 ★

オオコオイムシ [コオイムシ属]
Appasus major

分 北、本、四、九。 大 成虫 23–26 mm、幼虫約 20 mm。 特 コオイムシと比べて大型で体色は黒っぽい。 場 池沼、水田、休耕田、湿地。コオイムシよりもやや浅い水域を好む傾向があるが、場所によってはコオイムシと混生している。

♂成虫背面(福島県)　　腹面　　卵を背負った♂成虫

幼虫

側面

正面

卵を背負って湿地を歩く♂成虫（山形県）　　生育環境（福島県）

コオイムシとオオコオイムシの見分け方

コオイムシとオオコオイムシはとてもよく似ていて、確実に見分けるポイントが少ない。ここでは区別がつきやすい点を示す。

コオイムシ	**オオコオイムシ**

体色は茶色の個体が多い / 体色は濃い茶色でコオイムシより黒っぽい個体が多い

細くて盛り上がらない / なだらか

太くて力こぶのように盛り上がる / 急に曲がる

卵はオオコオイムシより小さい / 卵はコオイムシより大きい

タガメ [タガメ属]
Kirkaldyia deyrolli

分 北、本、四、九、奄美、沖縄、宮古、八重山。大 成虫 48–65 mm、幼虫約 45 mm。特 日本最大級の水生昆虫。水中で待ち伏せして鎌状の前脚で小魚やオタマジャクシ、他の水生昆虫などを捕獲する。卵は生息地の植物や杭などにかためて産み、雄が保護する。場 池沼、水田、休耕田、湿地。河川の淀みなど。

※原寸大

腹面

♂成虫背面（福島県）

正面

♂ 中央はへこまない　♀ 中央がへこむ

側面

35 コオイムシ科

1齢幼虫（約10 mm）体に縞模様がある
2齢幼虫（約15 mm）
3齢幼虫（約20 mm）
4齢幼虫（約30 mm）
5齢幼虫（約45 mm）
休耕田に現れた成虫
卵塊
孵化

卵を守る♂成虫（福島県）　　生息環境（福島県）

月	1	2	3	4	5	6	7	8	9	10	11	12
成虫	●	●	●	●	●	●	●	●	●	●	●	●
幼虫					●	●	●	●				

発見難易度 ★

ハイイロチビミズムシ [チビミズムシ属]
Micronecta sahlbergii

分 本、四、九、奄美、沖縄、八重山。大 成虫 2.7–3.2 mm、幼虫約 2 mm。特 体色は灰褐色〜暗褐色。前翅には黒色の不規則な条がある。雄は発音する。場 池沼、水田、休耕田、湿地、水たまり。

♂成虫背面
（沖縄県沖縄島）

腹面

正面

幼虫

側面

水底に静止する成虫（西表島）

生育環境（徳島県）

月	1	2	3	4	5	6	7	8	9	10	11	12
成虫	●	●	●	●	●	●	●	●	●	●	●	●
幼虫					●	●	●	●				

発見難易度 ★

チビミズムシ［チビミズムシ属］

Micronecta sedula

分 本、九。 **大** 成虫 2.8–3.1 mm、幼虫約 2 mm。 **特** 体色は淡褐色〜暗褐色。前翅には黒色の不規則な条がある。雄は発音する。 **場** 池沼、水田、休耕田、湿地、水たまり、河川の淀みなど。

♂成虫背面（福島県）

腹面

正面

幼虫

側面

生育環境　川の淀み（福島県）

月	1	2	3	4	5	6	7	8	9	10	11	12
成虫	●	●	●	●	●	●	●	●	●	●	●	●
幼虫					●	●	●	●				

発見難易度 ★

クロチビミズムシ [チビミズムシ属]
Micronecta orientalis

分 本、四、九。 大 成虫 2.8–3.4 mm、幼虫約 2 mm。 特 体色は暗褐色。前翅には黒色の不規則な条がある。雄は発音する。 場 池沼、水田、休耕田、湿地、水たまり。

♂成虫背面　　　　　　　　　　　　腹面
（福島県）

正面

幼虫　　　　　　　　　　　側面

静止する成虫（福島県）　　生育環境（福島県）

発見難易度 ★★★

ケチビミズムシ [チビミズムシ属]
Micronecta grisea

分 沖縄、宮古、八重山。大 成虫 3.0–3.3 mm。特 体色は灰褐色～淡褐色。前翅に黒条はなく、銀白色の毛が散在する。環 池沼、水田、休耕田、湿地、水たまり。

♂成虫背面
（沖縄県与那国島）

上翅の表面には毛が生えている（撮影：北野 忠）

腹面

正面

側面

生息環境（西表島）

コチビミズムシ [チビミズムシ属]

Micronecta guttata

分 本、四、九。 大 成虫 1.7–2.1 mm、幼虫約 1 mm 特 体色は灰褐色～淡褐色。前翅に不明瞭な黒条が 3 本ある。 場 河川の流れがほとんどない浅瀬。

♂成虫背面（福島県）

腹面

正面

幼虫

側面

砂底に静止する成虫（福島県）

生育環境　河川（福島県）

フタイロコチビミズムシ [チビミズムシ属]

Micronecta hungerfordi

分 八重山（石垣島、西表島）。大 成虫 1.6–1.9 mm、幼虫約 1 mm。
特 体色は淡黄色で、前翅左右に大きな黒い斑紋が 1 つずつある。基産地である台湾産の個体は斑紋が左右に 2 つずつあり、日本産とは模様が異なる。場 河川中流域の浅瀬や岸辺付近。

♂成虫背面
（沖縄県西表島）

腹面

正面

幼虫

側面

川底の石に静止する成虫（西表島）

生育環境（西表島）

アマミコチビミズムシ [チビミズムシ属]

Micronecta japonica

分 奄美。 大 成虫 1.7–2.0 mm、幼虫約 1 mm。 特 体色は白色に近い淡黄色で、前翅に大きな黒い斑紋がある。 場 河川上 – 中流域、水田周辺を流れる小河川の浅瀬。

♂成虫背面
（鹿児島県奄美大島）

腹面

正面

幼虫

側面

川底で群れる成虫
（奄美大島）

生育環境（奄美大島）

コチビミズムシの仲間 [チビミズムシ属]

Micronecta sp.

分 沖縄。 大 成虫 1.7–2.0 mm、幼虫約 1 mm。 特 体色は白色で、前翅に大きな黒い斑紋がある。模様には 2 型がある。アマミコチビミズムシに近縁であるが種名は確定していない。 場 河川上〜中流域の浅瀬。

♂成虫背面
（沖縄県沖縄島）

模様の違う
タイプ

腹面

正面

幼虫

側面

川底の成虫　異なる模様の
個体が混ざる（沖縄島）

生育環境（沖縄島）

ヘラコチビミズムシ［チビミズムシ属］

Micronecta kiritshenkoi

分 北、本、四、九。 大 成虫 1.7–2.2 mm、幼虫約 1 mm。 特 前翅は黄色と黒の斑模様のタイプと、灰褐色〜淡褐色に黒斑のある褐色タイプとの 2 型があり、後者はコチビミズムシ（p.40）と酷似する。 場 河川の中〜下流域の流れの少ない浅瀬。

♂成虫背面（石川県）　♂成虫褐色型背面（石川県）　腹面

正面

幼虫　側面

川底の小石の上で静止する成虫（石川県　撮影：渡部晃平）

生育環境（石川県　撮影：渡部晃平）

モンコチビミズムシ [チビミズムシ属]

Micronecta lenticularis

分 八重山（石垣島、西表島）。大 成虫 1.6–2.0 mm、幼虫約 1 mm。
特 前翅には淡黄色の地に黒褐色の斑紋がある。場 流水性で底が岩盤の河川や水路。

♂成虫背面
（沖縄県西表島）

腹面

正面

幼虫

側面

川底で交尾中の成虫（西表島）

生育環境（西表島）

月	1	2	3	4	5	6	7	8	9	10	11	12
成虫			●	●	●	●	●	●	●	●	●	
幼虫				●	●	●	●					

発見難易度 ★★★★

ミゾナシミズムシ [ミゾナシミズムシ属]
Cymatia apparens

分 北、本、四（徳島県、愛媛県）、九。 大 成虫 5.0–5.9 mm、幼虫約 5 mm。 特 コミズムシ属に似ているが、細長く、前胸背の横帯は不明瞭で模様がないように見える。前脚跗節は雌雄ともに細長く、この前脚で他の水生昆虫やミジンコなどを捕食する。 場 池沼、水田、休耕田、湿地。海岸付近の湿地などに見られることが多い。

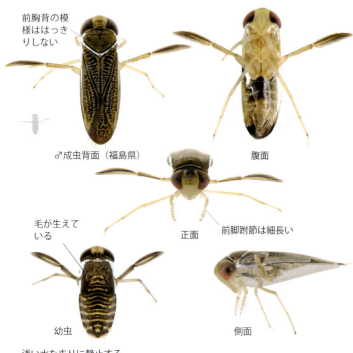

前胸背の模様ははっきりしない

♂成虫背面（福島県）　　腹面

正面　　前脚跗節は細長い

毛が生えている

幼虫　　側面

浅い水たまりに静止する成虫（福島県）　　生育環境（福島県）

ミズムシ科

羽化直後の成虫（福島県）

湿地内の枯れた植物に静止する幼虫（福島県）

飼育下での交尾

水草に産み付けられた卵

生まれたばかりの1齢幼虫

アカムシを捕食する成虫

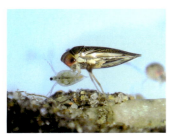
ミジンコを捕食する成虫

イトトンボの幼虫を捕食する成虫

ツヤミズムシ [ツヤミズムシ属]
Agraptocorixa hyalinipennis

分 沖縄、宮古、八重山。大 成虫 6.4–8.0 mm、幼虫約 6 mm。特 大型のミズムシ。体の幅が広く、全体的に灰褐色〜黄褐色。前胸背に横帯はない。場 池沼、水田、湿地。

前胸背に模様はない

♂成虫背面
（沖縄県与那国島）

腹面

正面

幼虫

側面

生息環境（与那国島　撮影：北野 忠）

ミズムシ [ミズムシ属]

Hesperocorixa distanti distanti

分 北、本（青森県）。大 成虫 9.5–11.0 mm、幼虫約 8 mm。特 大型のミズムシ。前胸背の黒色横帯は 10 本。場 池沼、湿地、水たまり。

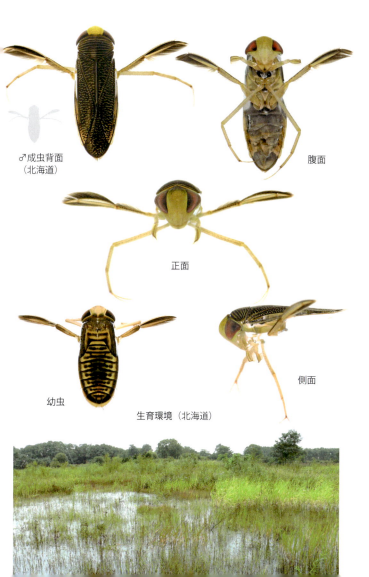

♂成虫背面（北海道）　腹面　正面　幼虫　側面　生育環境（北海道）

月	1	2	3	4	5	6	7	8	9	10	11	12
成虫			●	●	●	●	●	●	●	●	●	
幼虫				●	●	●						

発見難易度 ★★★

ホッケミズムシ［ミズムシ属］
Hesperocorixa distanti hokkensis

分 本（山形県以南）、四、九。 大 成虫 9.5–11.0 mm、幼虫約 8 mm。
特 ミズムシの亜種。前胸背の黒色横帯は 8–9 本だが、個体変異も多く、ミズムシとの区別が難しいことがある。 場 池沼、湿地。

♂成虫背面
（福島県）

腹面

正面

幼虫

側面

浅瀬の底に静止する成虫（山形県）

生育環境（福島県）

月	1	2	3	4	5	6	7	8	9	10	11	12
成虫		●			●				●	△	●	●
幼虫					●	●						

発見難易度 ★★★

オオミズムシ［ミズムシ属］

Hesperocorixa kolthoffi

分 本（近畿地方以西）、四、九。 大 成虫 9.8–13.4 mm、幼虫約 8 mm。 特 日本最大のミズムシ。群生することもあるが、生息地は局地的。 場 池沼。

♂成虫背面
（福岡県）

腹面

正面

幼虫

側面

生育環境（福岡県）

ナガミズムシ [ミズムシ属]
Hesperocorixa mandshurica

分 本（近畿地方以西）、四、九。大 成虫 9.0–11.3 mm。特 大型のミズムシだが、オオミズムシよりも細長い。本種のみで群生することもあるが、オオミズムシやミヤケミズムシと混生していることもある。生息地は局地的。場 池沼。

♂成虫背面（福岡県産）　　　腹面

正面

側面

生息環境（福岡県）

月	1	2	3	4	5	6	7	8	9	10	11	12
成虫	●	●	●	●	●	●	●	●	●	●	●	●
幼虫						●	●			●		

発見難易度 ★★

ヒメコミズムシ [コミズムシ属]

Sigara matsumurai

分 本、四、九。大 成虫 3.5–4.3 mm、幼虫約 3 mm。特 小型種。前胸背の黒色横帯は 7–8 本だが、部分的に消失することがある。場 水田、休耕田、湿地、水深の浅い場所を好む。

♂成虫背面（福島県）　腹面

正面

幼虫　側面

生育環境（福島県）

エサキコミズムシ [コミズムシ属]
Sigara septemlineata

分 本、四、九、トカラ、奄美、沖縄、八重山。大 成虫 4.5–6.0 mm、幼虫 3–4 mm。特 体長に個体差があり、同じ場所でも大型のものから小型のものまで見られる。各地に普通。場 池沼、水田、休耕田、湿地、水たまり。

♂成虫背面（福島県） / 腹面 / 正面 / 幼虫 / 側面

水底に静止する成虫（西表島）

生息環境（西表島）

オモナガコミズムシ [コミズムシ属]
Sigara bellula

発見難易度 ★★★★

分 本、九。 大 成虫 5.4–5.9 mm。 特 雄の頭部は強く前方に張り出し、他種とは区別が容易である。生息地は局地的。 場 池沼。

頭の先端が突出している

♂成虫背面（愛知県）　　腹面

正面

頭の先端が突出している

側面

生息環境（愛知県）

月	1	2	3	4	5	6	7	8	9	10	11	12
成虫	△	●	●	●	●	●	●	●	●	△	△	●
幼虫				●	△	●						

発見難易度 ★

トカラコミズムシ [コミズムシ属]
Sigara distorta

分 トカラ、奄美、沖縄、八重山。**大** 成虫 5.6–6.8 mm、幼虫約 4 mm。**特** 雌に比べ雄は小さい。雄は頭の先端が突出する。前胸背の横帯がある部分の両端は尖る。琉球列島ではエサキコミズムシとともに最も普通に見られる。**場** 池沼、水田、休耕田、湿地。

頭の先端が突出する　　尖る

♂成虫背面（沖縄県西表島）　　腹面

正面

幼虫　　側面

生育環境（与那国島）

月	1	2	3	4	5	6	7	8	9	10	11	12
成虫	●	●	●	●	●	●	●	●	●	●	●	●
幼虫					●	●	●	●				

発見難易度 ★

アサヒナコミズムシ [コミズムシ属]
Sigara maikoensis

分 北、本、四、九。 大 成虫 4.5–5.6 mm、幼虫約 4 mm。 特 水温が低い高層湿原や池沼に多いが、東北地方では沿岸部でも見られる。 場 池沼、水田、休耕田、湿地。

♂成虫背面（福島県）

腹面

♀腹部腹面先端。♀に突起があるのは、コミズムシ属では本種のみ

正面

幼虫

側面

沼の底に静止する幼虫（福島県）　　生育環境（福島県）

ハラグロコミズムシ [コミズムシ属]
Sigara nigroventralis

分 北、本、四、九、トカラ、奄美。 大 成虫 4.7–5.6 mm、幼虫約 4 mm。 特 腹部は黒っぽい個体が多いが、下の腹面写真のように黒くない個体もいて同定の決め手にはならない。 場 池沼、水田、休耕田、湿地、水たまり。

♂成虫背面（福島県）

腹面

正面

幼虫

側面

浅い水たまりに静止する成虫（福島県）

生育環境（福島県）

コミズムシ [コミズムシ属]
Sigara substriata

分北、本、四、九。 大成虫 5.5–6.5 mm、幼虫 4–5 mm。 特古い文献で「コミズムシ」とあるのは本種ではない場合もあるので要注意。西日本に多い。 場池沼、水田、休耕田、湿地。

♂成虫背面（滋賀県）　腹面　正面　幼虫　側面

生息環境（愛知県）

月	1	2	3	4	5	6	7	8	9	10	11	12
成虫		●	●	●	●	●	●	●	●	●	●	
幼虫				●	●	●	●	●	●			

発見難易度 ★★★

ミヤケミズムシ ［ミヤケミズムシ属］
Xenocorixa vittipennis

分 本、四、九。大 成虫 7.9–9.1 mm、幼虫 6–7 mm。特 大型種。体の幅がやや広く、オオミズムシより丸く感じる。生息地では群生するが、局地的である。場 池沼。

♂成虫背面　　　　　　　　　　　　腹面
（福島県）

正面

幼虫　　　　　　　　　　　　　側面

水底に静止する成虫（福島県）

生育環境（福島県）

ミズムシ類の雌雄の見分け方 (写真はホッケミズムシ)

♂

体節は
左右非対称

腹部腹面

♀

体節は
左右対称

腹部腹面

頭部正面は
凹んでいる

頭部正面は
丸い

前脚跗節先端にペグ列がある

前脚跗節先端にペグ列はない

ミズムシ類の同定に挑戦！❶

ミズムシ類は雄の前脚先端の跗節に並んでいるペグ（茶色い点に見える部分）の並び方で見分けることができる。

跗節

ツヤミズムシ

ペグ列は下方に並び、先端から 2/3 程度のところで途切れる

ペグ

オオミズムシ

ペグ列は上端に沿って並び、先端付近で直角に曲がる

ミヤケミズムシ

ペグ列は中央付近で途切れる

ミゾナシミズムシ

♂♀ともにヘラ状にならず細長い

ホッケミズムシ

先端付近で大きく曲がるが、オオミズムシよりも角度は緩やか

ナガミズムシ

先端付近で大きく曲がるが、オオミズムシよりも角度は緩やか

ヒメコミズムシ

小さくて丸みがある

ペグの数は20前後と少ない

エサキコミズムシ

ゆるやかにカーブする

オモナガコミズムシ

表面は少しゆがむ

への字に曲がる

トカラコミズムシ

先端付近で曲がる

アサヒナコミズムシ

への字に曲がる

ハラグロコミズムシ

表面は少しゆがむ

ペグ列は中央付近で蛇行する

コミズムシ

ペグ列は山型で中央が盛り上がる

ミズムシ類の同定に挑戦！❷

ミズムシ類の雄は顔の凹み方も種によって異なる。❶のペグの並び方と合わせて調べることで確実に同定することができる。ここでは、コミズムシ属（*Sigara*）の顔を示した。

中央で凹むが浅く小さい

凹みは大きく、毛が生えている

ヒメコミズムシ

エサキコミズムシ

複眼の上の方まで大きく凹む

中央で凹むが浅い

トカラコミズムシ

アサヒナコミズムシ

中央で凹むが浅い

中央で凹むが浅く幅もやや狭い

ハラグロコミズムシ

コミズムシ

コバンムシ ［コバンムシ属］
Ilyocoris cimicoides exclamationis

分 本、九。大 成虫 11.3–12.8 mm、幼虫約 10 mm。特 小判型で、前胸背と前翅の基部は緑色。幼虫も緑色で美しい。素手でつかむと刺される。生息地は激減しており、絶滅が心配されている。場 ヒシやジュンサイなどの水生植物が豊富な沼。

♂成虫背面（宮城県）　♂腹面　腹部腹面先端（上♂、下♀）

正面　側面

水中の草に静止する1齢幼虫（福島県）　生息環境 ジュンサイに覆われた沼（福島県）

コバンムシ科

1齢幼虫 (2.5 mm)　2齢幼虫 (3.5 mm)　3齢幼虫 (5 mm)　4齢幼虫 (8 mm)

5齢幼虫 (10 mm)

水辺で死んでいた成虫（宮城県）

3齢幼虫と脱皮したばかりの5齢幼虫

羽化途中の本種

羽化直後の成虫

ミズムシ（等脚類）を捕食中の4齢幼虫

月	1	2	3	4	5	6	7	8	9	10	11	12
成虫			●	●	●	●	●	●	●	●	●	
幼虫	●	●	●	●	●	●	●	●	●	●	●	●

発見難易度 ★★

ナベブタムシ［ナベブタムシ科］

Apheloheirus vittatus

分 本、四、九。大 成虫 8.5–10.0 mm、幼虫約 8 mm。特 円盤型で茶色に黄褐色〜暗褐色の斑紋があるが、斑紋がほとんど見られないタイプもある。無翅型で稀に長翅型がある。場 河川中流域や小河川、水路（川底が砂や細かい粒の礫）。

♂無翅型成虫背面（福島県） / 腹面 / 長翅型成虫（群馬県）

正面 / 側面

腹部腹面先端（左♂、右♀） / 幼虫

生息環境（左：河川中流・愛知県、右：水路・福島県）

月	1	2	3	4	5	6	7	8	9	10	11	12
成虫	●		●	●	●	●	●	●	●	●	●	●
幼虫	●	△	●	●	●	●	●	●	●	●	●	●

発見難易度 ★★★★★

トゲナベブタムシ ［ナベブタムシ科］

Aphelocheirus nawae

分 本（愛知県以西）、九。大 成虫 8.5–10.0 mm、幼虫約 8 mm。特 円盤形で暗褐色に黄褐色〜黄色の斑紋がある美しい種。前胸背と腹節の側縁が長く突出する。無翅型で稀に長翅型がある。場 河川中流域や小河川、水路（川底が砂や細かい粒の礫）。

♂無翅型成虫背面
（兵庫県）

腹面

正面

側面

腹部腹面先端（左♂、右♀）

幼虫

川底を歩く成虫（兵庫県）

生息環境（兵庫県）

マツモムシ [マツモムシ属]
Notonecta triguttata

分 北、本、四、九。大 成虫 11.5–14.0 mm、幼虫約 10 mm。特 全国各地に普通に見られる。前翅は黒色で、黄色の斜めの筋がある。手でつかむと刺されることがある。この仲間は腹面を上にして浮く。場 池沼、水田、湿地、水路。

成虫背面（福島県）

腹面

側面

幼虫

正面

水面に浮く成虫（福島県）

生息環境（福島県）

オキナワマツモムシ [マツモムシ属]

Notonecta montandoni

分 沖縄。**大** 成虫 12.6–15.9 mm、幼虫約 10 mm。**特** 前翅に赤色の部分がある美しい種。頭部は淡黄色。**場** 木々に囲まれたやや暗い池沼を好む傾向があるが、開放的な沼にも生息する。

赤い部分がある

腹面

成虫背面（沖縄県沖縄島）

側面

幼虫

正面

ヒメセスジアメンボを捕食している幼虫（沖縄島）

生息環境（沖縄島）

キイロマツモムシ [マツモムシ属]
Notonecta reuteri reuteri

分北、本。大成虫 13.5–16.7 mm、幼虫約 10 mm。特大型のマツモムシで、背面は黄灰白色だが、通常は黒褐色の腹面を上にしているので、目立たない。本州では標高の高い寒冷地に生息するが、北海道では平地〜低地でも見られる。場池沼。

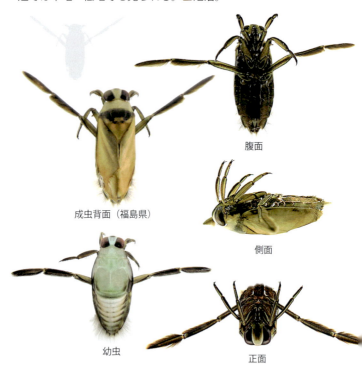

成虫背面（福島県）　腹面　側面　幼虫　正面

交尾中の成虫（福島県）

生息環境（福島県）

月	1	2	3	4	5	6	7	8	9	10	11	12
成虫		△	●	△	△	●	△	●	●	△	●	△
幼虫							●					●

発見難易度 ★★★★

タイワンマツモムシ ［タイワンマツモムシ属］

Enithares sinica

分 沖縄、宮古、八重山。大 成虫 7.9–9.1 mm、幼虫約 8 mm。特 光沢のある銀灰色〜黄褐色。頭部は黄緑色や銀灰色、淡青色になる。マツモムシよりも体が短い。場 抽水植物の多い池沼や水路で木陰を好む傾向がある。

成虫背面（沖縄県西表島）　腹面　側面　幼虫　正面

生息環境（西表島）

月	1	2	3	4	5	6	7	8	9	10	11	12
成虫	●	●	△	△	△	●	●	●	●	●	●	●
幼虫							●	●	●			

発見難易度 本・四・九★ 沖縄・八重山★★★★

コマツモムシ ［コマツモムシ属］
Anisops ogasawarensis

分 本、四、九、沖縄、八重山（石垣島、西表島）。**大** 成虫 5.8–7.2 mm、幼虫約 4 mm。**特** コマツモムシ類は水中の中層を腹面を上にして泳ぐ仲間で、マツモムシのように水面に浮いてこない。各地に普通に見られるが、沖縄では少ない。**場** 池沼、水田、休耕田、湿地。

成虫背面（山形県）

腹面

側面

幼虫

正面

群れで泳ぐ成虫（福島県）

生息環境（福島県）

月	1	2	3	4	5	6	7	8	9	10	11	12
成虫		●	△	△	●	●	●	●	●	●	●	●
幼虫						●	△	△	△	△	●	

発見難易度 ★

クロイワコマツモムシ [コマツモムシ属]

Anisops kuroiwae

分 トカラ、奄美、沖縄、八重山。大 成虫 5.6–6.4 mm、幼虫約 4 mm。特 雄の顔の中央が突出する。きわめて普通に見られ、一時的にできた水たまりにも生息する。場 池沼、水田、休耕田、湿地、水たまり。

顔の中央が突出する

腹面

顔の中央が突出する

側面

成虫背面（鹿児島県奄美大島）

幼虫

正面

水中を泳ぐ成虫（奄美大島）

生息環境（沖縄島）

イシガキコマツモムシ [コマツモムシ属]
Anisops occipitalis

分 奄美、沖縄、宮古、八重山。**大** 成虫 6.6–7.2 mm、幼虫約 5 mm。
特 クロイワコマツモムシよりやや大きく、雄の顔の中央は突出しない。水生植物が豊富な場所を好む。**場** 池沼、水田、休耕田、湿地、水路。

成虫背面（鹿児島県奄美大島）

腹面

側面

幼虫

正面

生息環境（奄美大島）

チビコマツモムシ [コマツモムシ属]
Anisops exiguus

分 本、四、九、奄美、沖縄、宮古、八重山。大 成虫 4.3–4.5 mm。
特 日本最小のマツモムシ。場 池沼、湿地。

成虫背面（沖縄県西表島）　正面　腹面

側面　生息環境（西表島）

ハナダカコマツモムシ [コマツモムシ属]
Anisops nasutus

分 九、奄美、沖縄、宮古、八重山。大 成虫 6.0–7.8 mm。特 雄の顔の先端は大きく突出し、腹側から見るとしゃもじ型になっているため、他種とは区別が容易である。場 池沼、河川の淵など。

顔の中央部が大きく突出する

♂成虫背面（沖縄県沖縄島）

側面

しゃもじ型

腹面

生息環境（沖縄島）

月	1	2	3	4	5	6	7	8	9	10	11	12
成虫	●	●	●	●	●	●	●	●	●	●	●	●
幼虫	●	●	●	●	●	●	●	●	●	●	●	●

発見難易度 ★

ヒメコマツモムシ [コマツモムシ属]
Anisops tahitiensis

分 奄美、沖縄、大東、宮古、八重山。大 成虫 5.1–5.5 mm。特 小型種。チビコマツモムシに次いで小さい。生息地では普通に見られ個体数も多い。場 池沼、湿地。

成虫背面（沖縄県西表島）　　正面　　腹面

側面　　生息環境（西表島）

コラム　水生カメムシ類の卵❷

◆ミズムシ科

球形で水中の植物の枝や枯れ枝などに産卵します。ミゾナシミズムシは細い柄の先に卵が付いています。ホッケミズムシやコミズムシ類は卵が直接、産卵基質に付着しています。

ミゾナシミズムシの卵。細い柄がある。

ホッケミズムシの卵。産卵基質に直接付着している。

月	1	2	3	4	5	6	7	8	9	10	11	12
成虫	●	●	△	●	●	●	●	●	●	●	●	●
幼虫				●			●					●

発見難易度 東日本 ★★★ 西日本 ★

マルミズムシ [マルミズムシ属]
Paraplea japonica

分 本、四、九、トカラ、奄美、沖縄、大東、宮古、八重山。大 成虫 2.3–2.6 mm、幼虫約 1.5 mm。特 ヒメマルミズムシより一回り大きい。西日本には多いが東日本では少ない傾向がある。場 池沼、水田、休耕田、湿地。水草が多く浅いところを好む。

成虫背面（沖縄県与那国島）　　腹面　　正面

幼虫

側面

水中で交尾中の成虫（福島県）

生息環境　休耕田（福島県）

ヒメマルミズムシ [マルミズムシ属]
Paraplea indistinguenda

分 本、四（徳島県）、九。 大 成虫 1.5–1.7 mm、幼虫約 1 mm。 特 淡褐色〜黄褐色。マルミズムシよりも一回り小さい。水際の植物間で時に群生する。西日本には少なく、東日本では多い傾向がある。 場 池沼、水田、休耕田、湿地。

成虫背面（福島県）　　腹面

正面　　側面

幼虫　　生息環境（福島県）

月	1	2	3	4	5	6	7	8	9	10	11	12
成虫		●	●	●		●	●	●		●	●	●
幼虫	△			●		△			△			

発見難易度 ★★★★

ホシマルミズムシ［マルミズムシ属］
Paraplea liturata

分 沖縄、八重山（石垣島、西表島）。**大** 成虫 1.6–1.7 mm、幼虫約 1 mm。**特** 体色は淡褐色。背面には白い毛が生えている。前胸背には 5 個の黒点、前翅には 2 本の灰白色の不規則な帯がある。**場** 水生植物が豊富な池沼。

成虫背面（沖縄県西表島）　　　腹面

正面　　　側面

幼虫

生息環境（西表島）

月	1	2	3	4	5	6	7	8	9	10	11	12
成虫	●	●	●	△	●	△	●	△	●	●		
幼虫	●	●	●				●	△	●	●		

発見難易度 ★★★★

エグリタマミズムシ ［エグリタマミズムシ属］
Heterotrephes admorsus

分 奄美。**大** 成虫 2.2–2.5 mm、幼虫約 1.5 mm。**特** 体は丸く、黒地に淡黄色の模様がある。翅はない。**場** 河川の上流～中流域、水田脇の小川などの岸辺付近。倒木や草が覆い被さっている場所、落ち葉が堆積している場所。

成虫背面
（鹿児島県奄美大島）

腹面

正面

幼虫

側面

水中の倒木に止まる成虫（下）と幼虫（上）（奄美大島）

生息環境（奄美大島）

キタミズカメムシ [ミズカメムシ属]

Mesovelia egorovi

分 北（道東）、本（福島県、島根県）。大 成虫 2.8–3.7 mm、幼虫約 2 mm。特 体色は緑褐色〜暗褐色で黒っぽく見える。無翅で雄の腹部には黒い毛束が 1 つある。場 海岸近くの池沼や湿地。

♂成虫背面（福島県） ♂腹面 ♀成虫背面（福島県）

黒い毛束が中央に1つのみ

幼虫 側面 正面

水面に浮く♂成虫（福島県） 生息環境（左：福島県相馬市、右：北海道北見市）

月	1	2	3	4	5	6	7	8	9	10	11	12
成虫	●			●	●	●	●	△	●	△	●	●
幼虫	●			●	●	●	●					●

発見難易度 ★★

マダラミズカメムシ [ミズカメムシ属]
Mesovelia horvathi

分 本、四（徳島県）、九（福岡県）、奄美、沖縄、宮古、八重山。大 成虫 2.1–2.8 mm、幼虫約 1.5 mm。特 体色は褐色で腹部には淡褐色の斑紋がある。無翅で稀に長翅型が出現する。場 森林内の沢沿いや木陰のある水たまりの湿った岸辺。

♂成虫背面
（鹿児島県奄美大島）

♂腹面

黒い毛は束にならず横に並ぶ

♀

長翅型成虫　幼虫　正面　側面

湿った地面を歩く成虫（与那国島）　生息環境（西表島）

月	1	2	3	4	5	6	7	8	9	10	11	12
成虫						●	●	●	●	●	●	
幼虫					●	●	●	●	●	●		

発見難易度 ★

ムモンミズカメムシ [ミズカメムシ属]
Mesovelia miyamotoi

分 北、本、四、九。大 成虫 2.7–3.4 mm、幼虫約 2 mm。特 体色は緑色〜緑褐色。無翅で稀に長翅型が出現する。雄の腹部第 8 腹板中央に毛束がある。場 浮葉植物の多い沼。

♂成虫背面（福島県）　♂腹面　♀成虫背面

黒い毛束が中央に1対ある

幼虫　側面　正面

水面の葉上で交尾中の成虫（福島県）

生息環境（福島県）

ヘリグロミズカメムシ ［ミズカメムシ属］
Mesovelia thermalis

分 北、本、四（徳島県）。大 成虫 2.6–3.4 mm、幼虫約 2 mm。特 体色はムモンミズカメムシより黒っぽく、緑褐色〜暗褐色。無翅で稀に長翅型が出現する。雄の腹部第 8 腹板中央には 1 対の黒い毛束がある。場 浮葉植物の多い池沼でムモンミズカメムシやミズカメムシと混生する場合もある。

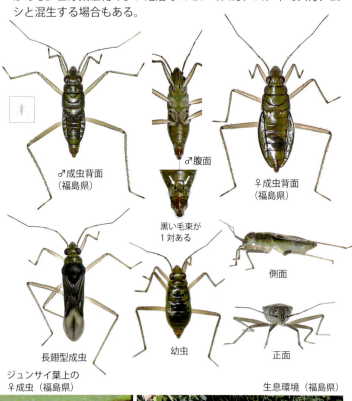

♂成虫背面（福島県）　♂腹面　♀成虫背面（福島県）

黒い毛束が1対ある

側面

長翅型成虫　幼虫　正面

ジュンサイ葉上の♀成虫（福島県）

生息環境（福島県）

月	1	2	3	4	5	6	7	8	9	10	11	12
成虫	●	△	△			●	●	●	●	●	●	●
幼虫				●	△	●				●		

発見難易度 ★

ミズカメムシ [ミズカメムシ属]
Mesovelia vittigera

分 本、四、九、トカラ、奄美、沖縄、大東、宮古、八重山。大 成虫 2.3–3.4 mm、幼虫約 2 mm。特 体色は緑褐色。無翅で稀に長翅型が出現する。雄の腹部第 8 腹板中央には 1 つの黒い毛束がある。場 海岸付近から低地の浮葉植物の多い池沼や水田。

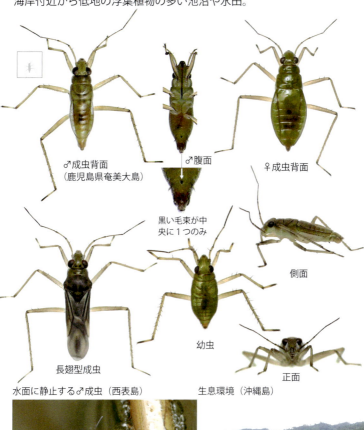

♂成虫背面
（鹿児島県奄美大島）

♂腹面

♀成虫背面

黒い毛束が中央に 1 つのみ

側面

長翅型成虫

幼虫

正面

水面に静止する♂成虫（西表島）

生息環境（沖縄島）

ミズカメムシ類の見分け方

ミズカメムシ類は、腹部腹面の先端付近の毛束と突起の違いで見分けることができる。雄の特徴は同じでも雌は異なる場合があるので、雌雄両方を確認する必要がある。

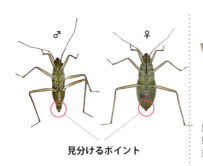

見分けるポイント

マダラミズカメムシ

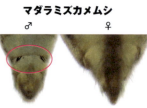

♂ 黒い毛は1対ある。束にならず、横に並んでいる

♀ 突起はない

ムモンミズカメムシ

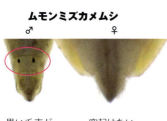

♂ 黒い毛束が1対ある

♀ 突起はない

ヘリグロミズカメムシ

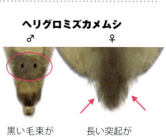

♂ 黒い毛束が1対ある

♀ 長い突起がある

キタミズカメムシ

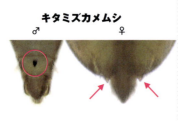

♂ 黒い毛束が中央に1つある

♀ 短い突起がある

ミズカメムシ

♂ 黒い毛束が中央に1つある

♀ 突起は小さくこぶ状

月	1	2	3	4	5	6	7	8	9	10	11	12
成虫	●	●	●	●	●	●	●	●	●	●	●	●
幼虫									●	●	●	

発見難易度 ★★★★★

イトアメンボ [イトアメンボ属]
Hydrometra albolineata

分 本、四、九、トカラ、奄美。大 成虫 11.2–14 mm、幼虫約 9 mm。
特 大型のイトアメンボ。長翅型と短翅型がある。全国各地で減少している。生息地では個体数が多く、集団で成虫越冬する。場 池沼、水田、湿地。

♂成虫背面（神奈川県）　♂腹面　♀成虫背面

幼虫　側面

左：水路の壁面で集団越冬中の成虫、
右：水田雑草上で休む成虫（いずれも神奈川県）　生息環境（神奈川県）

コビトアメンボ [イトアメンボ属]
Hydrometra annamana

分 奄美、沖縄、宮古、八重山。**大** 成虫 11.3–13.6 mm、幼虫約 8 mm。**特** イトアメンボとほぼ同じ大きさ。生息地は各地で減少している。長翅型と短翅型があるが、短翅型が多い。**場** 池沼、水田、湿地。

♂成虫背面（沖縄県沖縄島）　♂腹面　♀成虫背面

正面

側面

幼虫

成虫（沖縄島）

生息環境（沖縄島）

月	1	2	3	4	5	6	7	8	9	10	11	12
成虫				●	●				●	●		
幼虫								●	●			

発見難易度 ★★★★

キタイトアメンボ［イトアメンボ属］
Hydrometra gracilenta

分北、本（青森県）。大成虫 6.2–7.6 mm、幼虫約 5 mm。特日本では青森県で初めて発見され、その後、北海道でも見つかった。他のイトアメンボと比べて胴体が太く短い。場ヨシが密生した湿地や休耕田。ヨシを踏みつけて空間を作ると、水面で棒のように擬死する。

♂成虫背面（青森県）　♂腹面　♀成虫背面

幼虫　正面　側面

成虫（青森県）

生息環境（青森県）

オキナワイトアメンボ ［イトアメンボ属］
Hydrometra okinawana

分 本、四、九、トカラ、奄美、沖縄、大東、宮古、八重山。大 成虫 8.3–11.1 mm、幼虫約 7 mm。特 イトアメンボ、コビトアメンボより小型。長翅型と短翅型がある。場 池沼（やや暗い場所を好む）、水田、湿地。

♂成虫背面（沖縄県西表島） ♂腹面 ♀成虫背面

正面

幼虫 側面

成虫（西表島）

生息環境（西表島）

月	1	2	3	4	5	6	7	8	9	10	11	12
成虫	●	△	△	●	●	●	●	●	●	●	●	●
幼虫									●			

発見難易度 ★

ヒメイトアメンボ [イトアメンボ属]
Hydrometra procera

分 北、本、四、九、奄美、沖縄。大 成虫 7.5–10.5 mm、幼虫約 7 mm。特 長翅型と短翅型がある。全国各地に普通に見られる。場 池沼、水田、湿地。

♂短翅型成虫背面　　♂成虫腹面　　♀短翅型成虫背面
（山形県）

幼虫　　正面　　♀長翅型成虫背面
　　　　側面

水面を歩く成虫（福島県）　　生息環境（福島県）

イトアメンボ類の見分け方

イトアメンボの仲間は、雄の腹部第7節の突起の形状の違いや、体長によって見分けることができる。

腹部先端部側面

イトアメンボ

第6節　第7節　第8節

腹部第7節には、突起やこぶがなく、長い毛が生えている

コブイトアメンボ

第7節

第7節の突起はこぶ状

ヒメイトアメンボ

第7節

1対の突起は第7節の中間付近にある

オキナワイトアメンボ

第7節

1対の突起は第7節の前寄りにある

体はキタイトアメンボより細い。体長は8mm以上

キタイトアメンボ

第7節

1対の突起は第7節の前寄りにある

体はオキナワイトアメンボより太くて短い。体長は8mm以下

月	1	2	3	4	5	6	7	8	9	10	11	12
成虫			●	●	●	●	●	●		●	●	
幼虫									●			

発見難易度 ★

ケシミズカメムシ [ケシミズカメムシ属]
Hebrus nipponicus

分本、四、九、八重山。**大**成虫 1.6–2.0 mm、幼虫 1–1.5 mm。**特**カタビロアメンボ科に似るが、触角の第4節の中央付近が細くなり5節あるように見えることと、中胸背小楯板が横長で左右に張り出して見えることなどが異なる。水際の湿った場所にいて水面に出ることがほとんどないが、驚かすと水面に出てくることもある。**場**池沼、水田などの水際。

中胸背小楯板は横に張り出す
第4節
触角の拡大。第4節の中央付近が細くなっている
成虫背面（福岡県）
腹面
幼虫
正面
側面

湿った地面を歩く成虫（福島県）

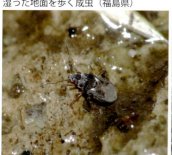

生息環境（福岡県）

ケブカコバネケシミズカメムシ [ケシミズカメムシ属]

Hebrus pilosellus

分 本（青森県、福島県、埼玉県）、九（福岡県）。**大** 成虫 1.6–1.9 mm。**特** 前種とよく似ているが、前翅が短い。水際にいて水面に出ることはほとんどないが、驚かすと水面に出てくることもある。産地は限られる。**場** 池沼などの水際。

成虫背面（福島県）
翅が短い
腹面
正面
幼虫
側面

水面に出てきた成虫（福島県）

生息環境（福島県）

月	1	2	3	4	5	6	7	8	9	10	11	12
成虫			△	●	△	●	●	△	△	△	△	
幼虫				●		●						●

発見難易度 ★★

アシブトカタビロアメンボ ［アシブトカタビロアメンボ属］
Rhagovelia esakii

分 宮古、八重山（石垣島、西表島）。大 成虫 2.8–3.5 mm、幼虫約 2 mm。特 無翅型と長翅型がある。体は黒色〜黒灰色で複眼が大きく脚が長い。場 流水性で、渓流や細流の水面を素早く滑走する。しばしば水面上で集団を作る。

♂無翅型成虫背面　　　　♂成虫腹面　　♀成虫背面
（沖縄県西表島）

側面

長翅型成虫背面　　幼虫

正面

左：水面を泳ぐ成虫（西表島）、
右：集団を作る成虫と幼虫（西表島）　　　　生息環境（西表島）

ケシカタビロアメンボ [ケシカタビロアメンボ属]
Microvelia douglasi

分 本、四、九、トカラ、奄美、沖縄、宮古、八重山。大 成虫1.5–2.0 mm、幼虫約1 mm。特 無翅型と長翅型がある。各地に最も普通。体はやや長細い。場 池沼、水田、休耕田、湿地。

♂無翅型成虫背面
（沖縄県沖縄島）

♂成虫腹面

♀成虫背面

長翅型成虫背面

幼虫

側面

正面

水面に浮く成虫と幼虫
（山梨県）

生息環境　休耕田の水たまり（福島県）

ホルバートケシカタビロアメンボ [ケシカタビロアメンボ属]
Microvelia horvathi

分 本、四、九、奄美、沖縄 宮古、八重山（石垣島）。大 成虫 1.3–1.8 mm、幼虫約 1 mm。特 無翅型と長翅型がある。ケシカタビロアメンボよりやや幅広く体が短い。場 池沼、水田、休耕田、湿地。

♂無翅型成虫背面（福島県）　　♂成虫腹面　　♀成虫背面

長翅型成虫背面　　幼虫　　側面　　正面

水面に浮く長翅型成虫（福島県）

生息環境（休耕田の水たまり、福島県）

月	1	2	3	4	5	6	7	8	9	10	11	12
成虫	●	●	●	○	●	○	●	△	△	△	●	●
幼虫	●	●	●	●	●	●	●				●	●

発見難易度 ★★★

チャイロケシカタビロアメンボ [ケシカタビロアメンボ属]
Microvelia japonica

分 本、四（高知県、愛媛県）、九（福岡県）、奄美、沖縄。大 成虫1.5–2.1 mm、幼虫約1 mm。特 茶色で毛深い。無翅型で稀に長翅型がある。場 河川の源流部周辺の水たまり。林道沿いの日の当たらない側溝にいることもある。

♂無翅型成虫背面
（鹿児島県奄美大島）

♂成虫腹面

♀成虫背面

毛深い

幼虫

側面

正面

♀成虫（奄美大島）

生息環境（林道沿いの側溝・奄美大島）

発見難易度 ★★★

カスリケシカタビロアメンボ [*Microvelia* 属]

Microvelia kyushuensis

分 本、九、八重山。大 成虫 1.2–2.2 mm、幼虫約 1 mm。特 無翅型と長翅型がある。背面に灰白色〜青灰色の毛による斑紋がかすり状になり美しい。場 浮葉植物や抽水植物の多い池沼や休耕田、湿地。

♂無翅型成虫背面
（福岡県）

♂成虫腹面

♀成虫背面

長翅型成虫背面

幼虫

側面

正面

水面に浮く成虫（福岡県）

生息環境（福岡県）

マダラケシカタビロアメンボ [*Microvelia* 属]
Microvelia reticulata

分北、本、四、九。大成虫 1.1–1.6 mm、幼虫約 1 mm。特丸みがあり、暗褐色〜黒褐色。背中には白っぽい斑紋がある。基本的に無翅だが長翅型も出現する。場池沼の岸辺付近の水生植物の間に多い。

♂無翅型成虫背面（福島県）　♂成虫腹面　♀成虫背面

長翅型成虫背面　幼虫　側面

正面

水面に浮く成虫（福島県）

生息環境（福島県）

エサキナガレカタビロアメンボ [ナガレカタビロアメンボ属]

Pseudovelia esakii

分本（青森県、秋田県、福島県）。大成虫 1.9–2.6 mm、幼虫約 1.5 mm。特ナガレカタビロアメンボによく似ているが、体はやや細長い。雄の後脚跗節には遊泳毛が 3–4 本あるが、束になって 1 本のように見えることが多い。ごく稀に長翅型が出現する。場湖や池の岸辺。石や倒木の下に生息し、波打ち際の石上や枯れ草の下でも見ることができる。

♂無翅型成虫背面（福島県）　3–4本の遊泳毛がある　♂成虫腹面　♀成虫背面
長翅型成虫背面（福島県）　翅の先端は切れている　幼虫　側面　正面

波打ち際の泡の上で捕食中の成虫と幼虫（福島県）

生息環境（福島県）

ナガレカタビロアメンボ [ナガレカタビロアメンボ属]

Pseudovelia tibialis tibialis

分 北、本、四、九、トカラ。大 成虫 2.0–2.7 mm、幼虫約 1.5 mm。特 比較的大きなカタビロアメンボ。無翅型と長翅型がある。雄は後脚跗節第 1 節に長い遊泳毛が 7 本ある。場 河川の岸よりの止水面や流れが緩やかな所。小さな水路にも生息する。

♂無翅型成虫背面（福島県）　♂成虫腹面　遊泳毛がある　♀成虫背面

長翅型成虫背面　幼虫　側面　正面

♀成虫（福島県）　生息環境（左：道路脇の側溝、右：河川中流域　いずれも福島県）

アマミオヨギカタビロアメンボ [オヨギカタビロアメンボ属]
Xiphovelia curvifemur

発見難易度 ★★★

カタビロアメンボ科

分 奄美、沖縄。大 成虫 1.5–2.2 mm、幼虫約 1 mm。特 無翅型と長翅型がある。体は黒色、雄は小判形で雌は菱形。場 河川中流域。

♂無翅型成虫背面
(鹿児島県奄美大島)

♂成虫腹面

♀成虫背面

側面

長翅型成虫背面

幼虫

正面

緩い流れの水面に浮く成虫(奄美大島)

生息環境 (奄美大島)

月	1	2	3	4	5	6	7	8	9	10	11	12
成虫				●	●	●	●	●	●	●	●	
幼虫						●	●					

発見難易度 ★★★★

オヨギカタビロアメンボ [オヨギカタビロアメンボ属]
Xiphovelia japonica

分本、四（徳島県）、九。大成虫1.5–2.2 mm、幼虫約1 mm。特無翅型で稀に長翅型がある。体は黒色、雄は小判型で雌は菱形で雄より大きい。場河川中流域や池沼の流れ込みの周辺。

♂無翅型成虫背面　　　♂成虫腹面　　　♀成虫背面
（愛知県）

幼虫

側面

正面

湿った岸辺で交尾中の
成虫（愛知県）

生息環境　流れ込みのあるため池（愛知県）

月	1	2	3	4	5	6	7	8	9	10	11	12
成虫					●	●	●	●	●	●	●	
幼虫					●	●	●	●	●	●		

発見難易度 ★

シマアメンボ [シマアメンボ属]

Metrocoris histrio

分 北、本、四、九、奄美。**大** 成虫 6–7 mm、幼虫約 5 mm。**特** 普通は翅がなく、体は他のアメンボのように細長くなく丸みを帯びる。胸部背面には黄色地に黒い斑紋がある。稀に翅のある長翅型が出現する。**場** 流水性。山間部の河川や小川、水路のやや流れが緩やかな場所に多い。

♂無翅型成虫背面（福島県） ♂成虫腹面 ♀成虫背面

側面

長翅型成虫背面　翅芽がある　長翅型幼虫　無翅型幼虫　正面

きれいな川面に浮く成虫（福島県）

生息環境（福島県）

タイワンシマアメンボ [シマアメンボ属]
Metrocoris esakii

分 沖縄、八重山。大 成虫 6–7 mm、幼虫約 5 mm。特 シマアメンボ同様、普通は翅がなく、体は丸みを帯びる。胸部背面には黄色地に黒い斑紋がある。稀に翅のある長翅型が出現し、体型、模様ともに異なる。場 流水性。河川や小川、水路のやや流れが緩やかな場所に多い。

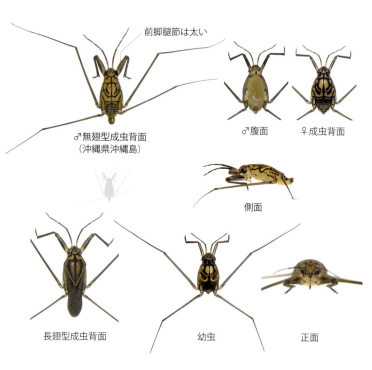

前脚腿節は太い

♂無翅型成虫背面（沖縄県沖縄島）　♂腹面　♀成虫背面

側面

長翅型成虫背面　幼虫　正面

川面に浮く成虫（沖縄島）

生息環境（沖縄島）

シマアメンボと**タイワンシマアメンボ**の見分け方

シマアメンボとタイワンシマアメンボは、背面の模様で見分けられるほか、雄の前脚腿節の太さでも区別することができる。

シマアメンボ♂
前脚腿節は細い
直線的

タイワンシマアメンボ♂
前脚腿節は太い
弓状に曲がる

コラム　水生カメムシ類の卵❸

◆コバンムシ
　長楕円形で淡い緑色をしています。飼育下ではホテイアオイの茎表面に産卵しましたが、通常は植物内に埋め込みます。

◆マツモムシ科
　マツモムシでは細長く乳白色をしています。水中の枯れた植物体などの表面に産卵します。

コバンムシの卵

マツモムシの卵

トガリアメンボ [*Rhagadotarsus* 属]
Rhagadotarsus kraepelini

分本、四、九。大成虫 3.3–4.4 mm、幼虫約 3 mm。特体は灰色で時に青光りする。腹部先端部分が細く棒状となる。2001 年に日本で初めて兵庫県で発見されてから急激に分布を広げている外来種。無翅型と長翅型がある。場池沼。水生植物がない貧弱な水域にも生息する。

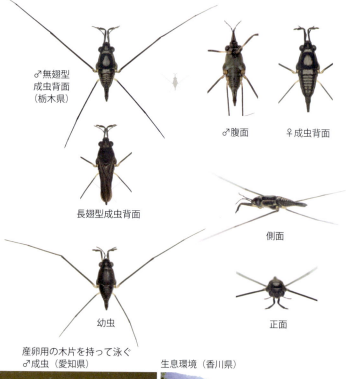

♂無翅型成虫背面（栃木県）

♂腹面　♀成虫背面

長翅型成虫背面

側面

幼虫　正面

産卵用の木片を持って泳ぐ♂成虫（愛知県）

生息環境（香川県）

オオアメンボ [アメンボ属]
Aquarius elongatus

分 本、四、九。大 成虫 19–27 mm、幼虫約 15 mm。特 日本最大のアメンボ。中脚が非常に長い。他のアメンボと一緒にいると特に目立つ。長翅型のみ。場 池沼。河川でも緩い流れにいることもある。

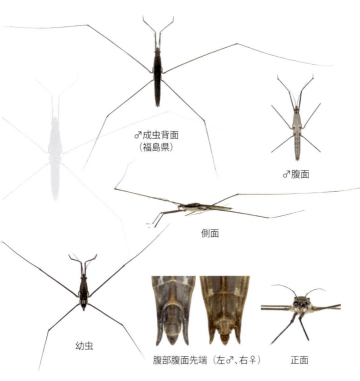

♂成虫背面（福島県）
♂腹面
側面
幼虫
腹部腹面先端（左♂、右♀）
正面

コセアカアメンボ（右）、ヒメアメンボ（左）と泳ぐオオアメンボ♀（中央）（福島県）

生息環境（福島県）

アメンボ［アメンボ属］
Aquarius paludum paludum

分 北、本、四、九、トカラ。大 成虫 11–16 mm、幼虫約 8 mm。特 日本各地に普通に見られる。ナミアメンボとも呼ばれる。長翅型、短翅型があり、短翅型には、微翅から中翅までバリエーションがある。場 池沼、水田、休耕田、湿地、水路、河川（流れのない場所）。

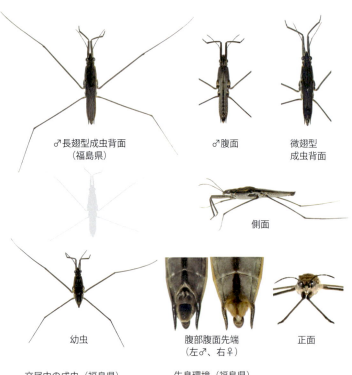

♂長翅型成虫背面（福島県） ♂腹面 微翅型成虫背面

側面

幼虫 腹部腹面先端（左♂、右♀） 正面

交尾中の成虫（福島県)

生息環境（福島県）

月	1	2	3	4	5	6	7	8	9	10	11	12
成虫	●	●	●	●	●	●	△	△	●	●	●	●
幼虫	●	●	●	●	●	●			●	●	●	●

発見難易度 ★

アマミアメンボ [アメンボ属]

Aquarius paludum amamiensis

分 奄美、沖縄、大東、宮古、八重山。**大** 成虫 12–17 mm、幼虫約 8 mm。**特** アメンボの亜種。触角の第2節は第4節よりも長い。長翅型、短翅型があり、短翅型には、微翅から中翅までバリエーションがある。**場** 池沼、水田、休耕田、湿地、水路、河川（流れのない場所）。

♂微翅型成虫背面（鹿児島県奄美大島）　　♂腹面　　長翅型成虫背面

側面

幼虫　　腹部腹面先端（左♂、右♀）　　正面

ハエを捕食する成虫（奄美大島）

生息環境（奄美大島）

アメンボとアマミアメンボの見分け方

触角の節の長さや雄の腹部腹面の形状の違いで見分けることができる。

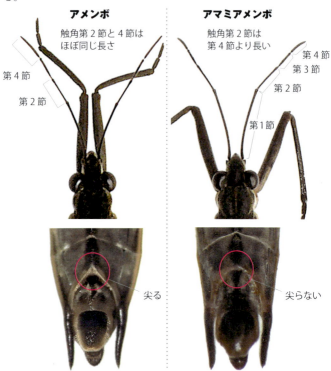

アメンボ
触角第2節と4節はほぼ同じ長さ
第4節
第2節
尖る

アマミアメンボ
触角第2節は第4節より長い
第4節
第3節
第2節
第1節
尖らない

コラム　水生カメムシ類の卵❹

◆**アメンボ科**
　細長い楕円形卵。水中や水面付近の植物体表面に産卵します。種によっては水中に潜って産卵することもあります。

トゲアシアメンボの卵（孵化間近で眼や体が透けて見える）

月	1	2	3	4	5	6	7	8	9	10	11	12
成虫			△	●	●	●	●	●	●	●	●	
幼虫						○	○	○				

発見難易度 ★★★

ババアメンボ [ヒメアメンボ属]
Gerris babai

分 北、本、九（福岡県）。大 成虫 6.3–9.1 mm、幼虫約 6 mm。特 小型種。長翅型と短翅型がある。抽水植物群落と開放水面の境界付近に多い。場 池沼、休耕田、湿地。

♂長翅型成虫背面（福島県）

♂腹面

短翅型成虫背面

側面

正面

幼虫

腹部腹面先端（左♂、右♀）

交尾中の成虫（福島県）

生息環境（福島県）

ヒメアメンボ [ヒメアメンボ属]
Gerris latiabdominis

分 北、本、四、九、トカラ。大 成虫 9.0–12.0 mm、幼虫約 8 mm。
特 アメンボとともに全国各地で普通に見られる。特に水田に多い。長翅型のみ。場 池沼、水田、休耕田、湿地、水路、河川（流れのない場所）。

♂成虫背面（福島県）

♂腹面

側面

正面

幼虫

腹部腹面先端（左♂、右♀）

水面に落ちたキリウジガガンボを捕食するために集まった成虫（福島県）

生息環境（福島県）

月	1	2	3	4	5	6	7	8	9	10	11	12
成虫				●	●	●	●	●	●	●	●	
幼虫						●	●					

発見難易度 ★

ハネナシアメンボ [ヒメアメンボ属]
Gerris nepalensis

分 北、本、四、九。大 成虫 6.5–10 mm、幼虫約 6 mm。特 体は幅広く、菱形に見える。基本的に無翅型で稀に長翅型も出現する。場 池沼。浮葉植物の多い場所を好む。

♂無翅型成虫背面（福島県） / ♂腹面 / ♀成虫背面 / 側面 / 正面 / 長翅型成虫背面 / 幼虫 / 腹部腹面先端（左♂、右♀）

ヒシの葉の脇を泳ぐ成虫（愛知県）　生息環境（愛知県）

コセアカアメンボ [ヒメアメンボ属]
Gerris gracilicornis

分 北、本、四、九、トカラ、奄美、沖縄、八重山。大 成虫 11–16 mm、幼虫約 8 mm。特 背中は暗褐色〜暗赤褐色。長翅型のみ。場 池沼、水たまり、河川の淀み。やや薄暗い場所を好むが開けた場所にも見られる。

発見難易度 ★

交尾中の成虫（福島県）

生息環境（左：林道にできた水たまり 沖縄県、右：川の淀み 福島県）

月	1	2	3	4	5	6	7	8	9	10	11	12
成虫			●	●	●	●	●	●	●	●	●	
幼虫						●	●	●	●			

発見難易度 ★

ヤスマツアメンボ [ヒメアメンボ属]
Gerris insularis

分 北、本、四、九。大 成虫 9–14 mm、幼虫 8–9 mm。特 体は暗赤褐色〜黒褐色で、コセアカアメンボとよく似ている。長翅型のみ。場 池沼の木々に囲まれた薄暗い場所、林内の水たまり。

♂成虫背面（福島県） ／ ♂腹面 ／ 側面 ／ 正面 ／ 幼虫 ／ ♂腹部腹面先端（左♂、右♀）

薄暗い水辺を泳ぐ成虫（福島県）

生息環境 木々に囲まれた沼（福島県）

コセアカアメンボとヤスマツアメンボの見分け方

コセアカアメンボとヤスマツアメンボはとてもよく似ていて、同じような場所にいることもある。ヤスマツアメンボでも背中が少し赤くなる個体もあり、逆にコセアカアメンボでも背中が赤くならない個体もいる。この2種は雄の腹部腹面で見分けることができる。

コセアカアメンボ♂

黒い斑紋がない

くぼみがある

ヤスマツアメンボ♂

黒い斑紋がある

くぼみがない

コラム　フィールドでも種が調べられる！

p.61-63のミズムシ類の見分け方のように、とても小さな部分を調べることは、顕微鏡もないし自分にはできないよ、と思っている方もいるかもしれませんが、デジカメを使ってフィールドでも確認することができます。最近はコンパクトデジタルカメラでも顕微鏡モードや拡大鏡モードといったマクロ機能が備わっている機種もあり、このようなカメラで撮影し、さらには、モニタ画面を拡大することで、顕微鏡ほどのきれいさではなくても、十分に種類を判別することができます。

デジカメで拡大してハラグロコミズムシと判明！

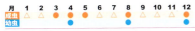

セスジアメンボ [セスジアメンボ属]
Limnogonus fossarum fossarum

分 奄美、沖縄、大東、宮古、八重山。大 成虫 7.5–11 mm、幼虫約 6 mm。特 前胸背の側面に黄色条がある。無翅型と長翅型がある。場 池沼、水田、休耕田、湿地。

♂無翅型成虫背面（沖縄県西表島）　♂長翅型成虫背面　♂腹面　♀無翅型成虫背面

側面　正面

幼虫　腹部腹面先端（左♂、右♀）

成虫（西表島）

生息環境（西表島）

月	1	2	3	4	5	6	7	8	9	10	11	12
成虫	●	●	●	●	●	●	△	●	●	●	●	●
幼虫			●	●	●	●		●	●	●		

発見難易度 ★★★

ホソミセスジアメンボ ［セスジアメンボ属］
Limnogonus hungerfordi

分 宮古、八重山。**大** 成虫 7.2–9.2 mm、幼虫約 6 mm。**特** セスジアメンボ同様、前胸背の側面に黄色条があるが、前方で途切れず連続する。無翅型と長翅型がある。木陰があるような場所を好む。**場** 池沼、水田、休耕田、湿地。

♂無翅型成虫背面 （沖縄県与那国島）　♂腹面　♀無翅型成虫背面　♂長翅型成虫背面

側面　　正面

幼虫　　腹部腹面先端（左♂、右♀）

成虫（西表島）

生息環境（西表島）

月	1	2	3	4	5	6	7	8	9	10	11	12
成虫	△	△	△	△	△	△	●	△	△	△	△	△
幼虫	△	△	△	△	△	△	●	△	△	△	△	△

発見難易度 ★★★★

ツヤセスジアメンボ [セスジアメンボ属]
Limnogonus nitidus

分 大東、八重山（石垣島、与那国島）。大 成虫 6.7–9.3 mm、幼虫 5–6 mm。特 セスジアメンボに似るがやや小型で前胸背中央に黄条がない。無翅型と長翅型がある。木陰や抽水植物が多い場所を好む。場 池沼。

♂無翅型成虫背面（沖縄県南大東島）　♂腹面　♀成虫背面　♂長翅型成虫背面

側面

正面

幼虫　腹部腹面先端（左♂、右♀）

成虫（南大東島　撮影：北野 忠）

生息環境（南大東島　撮影：北野 忠）

セスジアメンボとホソミセスジアメンボの見分け方

セスジアメンボとホソミセスジアメンボはよく似ていて、八重山地方ではどちらも生息している。両種は側面の黄色い帯（線）がずれているか、連続するかで見分けることができる。

セスジアメンボ **ホソミセスジアメンボ**

 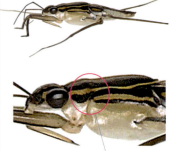

黄色の帯は上下にずれる　　　　　　　黄色の帯は連続する

セスジアメンボ属とヒメセスジアメンボの見分け方

セスジアメンボ属の仲間とヒメセスジアメンボはよく似ているが、前胸背にある黄紋の形で見分けることができる。

セスジアメンボ属の仲間 **ヒメセスジアメンボ**

1対の黄紋がある

1個の黄紋が中央にある

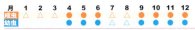

発見難易度 ★★★

ヒメセスジアメンボ [*Neogerris* 属]
Neogerris parvulus

分 奄美、沖縄、大東。大 成虫 4.2–7.0 mm、幼虫 3 mm。特 無翅型と長翅型がある。体の背面は光沢がある。場 抽水植物の多い池沼。やや暗い場所を好む傾向がある。

♂無翅型成虫背面（鹿児島県奄美大島）　♂腹面　♀成虫背面　長翅型成虫背面

幼虫　♂腹部腹面先端（左♀、右♂）　正面　側面

交尾中の成虫（奄美大島）　生息環境（沖縄島）

トゲアシアメンボ [*Limnometra* 属]
Limnometra femorata

分 八重山（与那国島）。**大** 成虫 17–23 mm、幼虫約 15 mm。**特** 国内ではオオアメンボに次ぐ大きさ。長翅型のみ。胸部背面は褐色で、中央に黒色の縦筋がある。中脚の腿節に内側に伸びる棘がある。飛翔力が強く、すぐに飛ぶ。**場** 林内にある沢の淀み。

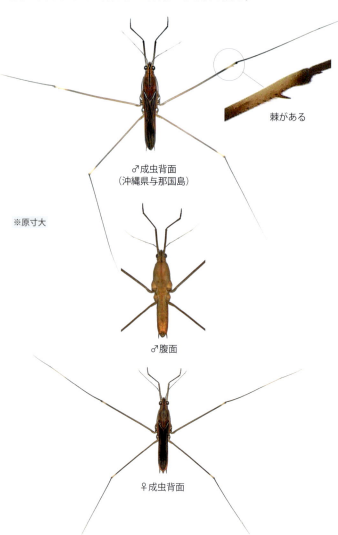

棘がある

♂成虫背面
（沖縄県与那国島）

※原寸大

♂腹面

♀成虫背面

アメンボ科

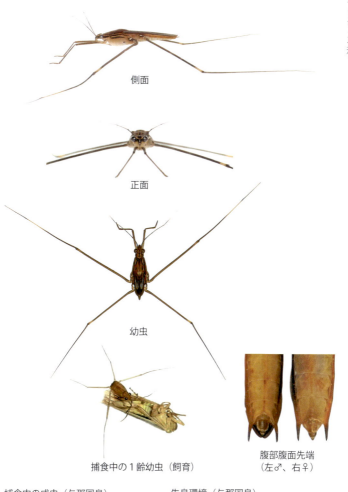

側面

正面

幼虫

捕食中の1齢幼虫（飼育）

腹部腹面先端
（左♂、右♀）

捕食中の成虫（与那国島）

生息環境（与那国島）

エサキアメンボ [セアカアメンボ属]
Limnoporus esakii

分 北、本、四、九。大 成虫 7.9–10.5 mm、幼虫約 6 mm。特 長翅型のみ。体は細長く、側面に銀白色の毛があり目立つ。ヨシなどの抽水植物群落の中にいて、なかなか開放水面には出てこない。長翅型のみ。場 ヨシが密生した池沼、湿地、水路。

♂成虫背面（栃木県） ♂腹面 ♀腹面

側面

黄褐色の縦縞がある

幼虫　腹部腹面先端（左♂、右♀）　正面

交尾中の成虫（栃木県）

生息環境（栃木県）

セアカアメンボ [セアカアメンボ属]
Limnoporus genitalis

分 北、本（青森県）。大 成虫 11.5–14.6 mm、幼虫 10 mm。特 長翅型のみ。背面が赤褐色になり大型。場 抽水植物の多い池沼や湿地。

♂成虫背面（北海道）　♂腹面　♀成虫背面

側面

幼虫　腹部腹面先端（左♂、右♀）　正面

♂成虫（北海道）

生息環境（北海道）

アメンボ類の背面の比較
(× 3.0。オオアメンボとトゲアシアメンボのみ× 2.0)

索引

ア

アサヒナコミズムシ… 57, 62, 63
アシブトカタビロアメンボ……95
アマミアメンボ………… 111, 112
アマミオヨギカタビロアメンボ
　　　　　　　　　………… 103
アマミコチビミズムシ…………42
アメンボ……………… 110, 112

イ

イシガキコマツモムシ…………74
イトアメンボ…………… 87, 92

エ

エグリタマミズムシ…………80
エサキアメンボ……………… 126
エサキコミズムシ…… 54, 62, 63
エサキタイコウチ………………26
エサキナガレカタビロアメンボ
　　　　　　　　　………… 101

オ

オオアメンボ………………… 109
オオコオイムシ…………… 32, 33
オオミズムシ……………… 51, 62
オキナワトアメンボ…… 90, 92
オキナワマツモムシ……………69
オモナガコミズムシ………… 55, 62
オヨギカタビロアメンボ…… 104

カ

カスリケシカタビロアメンボ‥99

キ

キイロマツモムシ………………70
キタイトアメンボ………… 89, 92
キタミズカメムシ………… 81, 86

ク

クロイワコマツモムシ…………73
クロチビミズムシ………………38

ケ

ケシカタビロアメンボ…………96
ケシミズカメムシ………………93
ケチビミズムシ…………………39
ケブカコバネケシミズカメムシ
　　　　　　　　　……………94

コ

コオイムシ……………… 31, 33
コセアカアメンボ……… 116, 118
コチビミズムシ…………………40
コチビミズムシの仲間…………43
コバンムシ………………………64
コブイトアメンボ………… 88, 92
コマツモムシ……………………72
コミズムシ……………… 59, 62, 63

シ

シマアメンボ…………… 105, 107

セ

セアカアメンボ……………… 127
セスジアメンボ………… 119, 122

タ

タイコウチ……………… 23, 25
タイワンシマアメンボ… 106, 107
タイワンタイコウチ……… 24, 25
タイワンマツモムシ……………71
タガメ　……………………………34

チ

チビコマツモムシ………………75

チビミズムシ……………………37
チャイロケシカタビロアメンボ
　………………………………98

ツ

ツヤセスジアメンボ………… 121
ツヤミズムシ…………… 48, 62

ト

トカラコミズムシ…… 56, 62, 63
トガリアメンボ……………… 108
トゲアシアメンボ……… 112, 124
トゲナベブタムシ………………67

ナ

ナガミズムシ…………… 52, 62
ナガレカタビロアメンボ…… 102
ナベブタムシ……………………66

ハ

ハイイロチビミズムシ…………36
ハナダカコマツモムシ…………75
ハネナシアメンボ…………… 115
ババアメンボ………………… 113
ハラグロコミズムシ… 58, 62, 63

ヒ

ヒメアメンボ………………… 114
ヒメイトアメンボ………… 91, 92
ヒメコマツモムシ………………76
ヒメコミズムシ……… 53, 62, 63
ヒメセスジアメンボ…… 122, 123
ヒメタイコウチ…………… 25, 27
ヒメマルミズムシ………………78
ヒメミズカマキリ………………29

フ

フタイロコチビミズムシ………41

ヘ

ヘラコチビミズムシ……………44
ヘリグロミズカメムシ…… 84, 86

ホ

ホシマルミズムシ………………79
ホソミセスジアメンボ… 120, 122
ホッケミズムシ…… 50, 61, 62, 76
ホルバートケシカタビロアメンボ
　………………………………97

マ

マダラアシミズカマキリ………30
マダラケシカタビロアメンボ
　……………………………… 100
マダラミズカメムシ……… 82, 86
マツモムシ………………………68
マルミズムシ……………………77

ミ

ミズカマキリ……………………28
ミズカメムシ……………… 85, 86
ミズムシ…………………………49
ミゾナシミズムシ…… 46, 62, 76
ミヤケミズムシ…………… 60, 62

ム

ムモンミズカメムシ……… 83, 86

モ

モンコチビミズムシ……………45

ヤ

ヤスマツアメンボ……… 117, 118

あとがき

　この本を作ろう、と思い立ったのは 2013 年のことでした。私が住む福島県ではこの時期はまだ東日本大震災の爪痕が大きく残っている時でもありました。材料集めや撮影のため、津波被害のあった太平洋沿岸部を歩くと、震災前にあった湿地や沼がなくなっているところを目の当たりにしました。一方で、新たにできた水たまりや湿地には、無数のクロチビミズムシやコマツモムシがいました。キタミズカメムシも生き残ってくれていました。一喜一憂しながらも調査を全国へと広げ、なんとかここまでたどり着くことができました。これには、日本半翅類学会をはじめとして、全国各地の方々の協力があったからにほかなりません。心より感謝します。この本のために調査をしている時は、多くの種類を集めることに集中していましたが、これからは、一種一種をじっくりと観察してみたいと思っています。(三田村)

　水生半翅。水生昆虫の中でもゲンゴロウの仲間ばかり追いかけてきた自分には、網の中に入るミズカメムシやミズムシの仲間には目をくれることはありませんでした。この図鑑を作るにあたりほぼ知識ゼロからの始まりでした。ただ生体を撮影するごとに、どんどんその世界へと引きずり込まれ、いつの間にか水辺を掬う網は目合いの細かいものを使うことが多くなりました。そして全国の方々の協力のおかげで、里山で見ることができる水生半翅類は 7 割程度を収録することができました。ありがとうございました。最終的には国内で見られる水生半翅類全種撮影の目標はまだあきらめていませんので、皆様のお近くでここに掲載されていない種類がいましたら是非お知らせください。(平澤)

　水生半翅と言えば、タガメ、ミズカマキリ、コオイムシと順調に進むかと思いきや、だんだん小さいものになっていった。水底にはチビミズムシが、水面にもカタビロアメンボがいた。当然ルーペで観察、最終同定には雄を探して交尾器を顕微鏡で確認となった。掬った網の中を覗き込むのにも見る目を変えないとタガメの横のカタビロアメンボには気が付かない。逆に小さいものを探していると大きいものがどうでもよくなる。この図鑑を手にして水生昆虫にもとても小さいものがいることを知っていただきたいと思っています。写真では立派に見えるが、解説の成虫の大きさも理解してください。できれば、若いうちに小さいものに興味を持って狙って探して頂きたい。(吉井)

協力 (五十音順、敬称略)

青柳 克、安斉 俊、安斉千晶、石川 忠、市川憲平、井上大輔、岩田泰幸、上野由里代、薄井翔太、碓井 徹、加藤雅也、喜田和孝、倉石 信、杉本雅志、高篠賢二、高野雄一、高橋明子、茶珍 護、塘 忠顕、戸倉渓太、鳥飼久裕、中島 淳、長島聖大、中西康介、永山 駿、林 成多、林 正美、平澤 航、藤本博文、堀 繁久、宮城秋乃、矢崎充彦、安井伸太郎、山田量崇、山田尚生、渡部晃平

協力団体

魚部、株式会社 晶和、東海大学沖縄地域研究センター

主な参考文献・Website

川合禎次, 谷田一三『日本産水生昆虫　科・属・種への検索』2005 年 (東海大学出版会)／日本昆虫目録編集委員会編『日本昆虫目録 第 4 巻 準新翅類』2016 年 (櫂歌書房)／津田松苗『水生昆虫学』1962 年 (北隆館)／Rostria (日本半翅類学会)／東海地方の水生半翅類, 佳香蝶, 2008 年 (名古屋昆虫同好会)／徳島県の水生半翅類, 徳島県立博物館研究報告, 2003 年／おいかわ丸のくろむし屋 http://kuromushiya.com/index1.html